台北·職人食代

目次

按作家姓氏筆劃排序

局長序

美食職人，台北飲食文化的靈魂

陳思宇
台北市觀光傳播局局長

今年，台灣成為全球第三十個接受米其林評鑑的國家，台北則為台灣首發《米其林指南》的城市。率先公布的「必比登推介」美食名單風靡全台北，上榜的庶民餐廳與小吃無不受大排長龍的「禮遇」，而《台北米其林指南》隨後也在萬眾期待下問世，向世界揭示台北 fine dining 的實力。

《米其林指南》長年被譽為「美食聖經」，其以精細的配分比重，力求評比公信力，一躍成為世界美食的準繩，然而，在西方的評鑑之外，在地人對台北美食的見地，是我們在這個時間點，更希望傳遞的觀點。

本書特別邀請王瑞瑤、毛奇、林家昌、梁旅珠、魚夫、焦桐、番紅花、楊子慧、蔡珠兒、謝淑婷等十位飲食作家，以不同世代的聲音，詮釋台北美食老店的職人故事：店家老闆從選材、配料到擺盤上桌，凡事一絲不苟、親力親為，抑或日夜苦思，追求獨門食譜的精益求精；主廚致力於傳承經典手路菜，卻不自限於依循古法，更進一步求變創新，為新世代端出新菜色；侍應待客真誠，妥貼照顧每位顧客的味蕾感受，讓客人盡享回家用餐般的溫馨。職人們的一刀一鏟一問候，莫不用心至深，令人動容，讓世界看見台北美食蘊含的豐厚軟實力。

無論你是土生土長的台北人，或是來自其他城市的朋友，不妨都將此書當作台北美食的道地指南，跟隨一篇篇細膩的美食職人故事，踏上一段飲食文化之旅，以舌尖體嚐職人用心細作的精神，乃至由他們的身影所形塑的台北城市形貌。

美食職人精神永續流傳，台北的美食風景是一席不散的饗宴，未完待續。

把台菜做好，
將客人的挑剔當作進步的動力。

——欣葉台菜董事長　李秀英

欣葉台菜

清粥小菜 也能登上大雅之堂

文◎王瑞瑤

樹立台灣味的典型

全家老少團圓聚餐，首選欣葉台菜，外國朋友認識台灣，還是欣葉台菜，因為透過滿桌子的料理，了解台灣食材、四季與節慶，吃遍台灣家常、小吃與宴席，貫穿台灣歷史、文化與融合，欣葉台菜不僅是一場流動的盛宴，也顯露出台灣人的至情至味。

再美好的味道都比不上媽媽味，再標準的服務都及不上人情味，位於台北市雙城街的欣葉台菜創始店，一入座就遞上熱茶與熱毛巾為客人洗塵，熱呼呼的地瓜稀飯是客人懷念的古早味，餐後免費奉送的花生麻糬是鼓勵客人再坐會兒多聊聊，這家也是全台灣最早設置自動升降椅的餐廳，如此體貼入微都來自創辦人李秀英。

李秀英和許多大廚長年來共同努力，不僅立下台菜經典，也持續追求創新。

李秀英生長在窮困的年代，從小跟著母親張寶珠在大龍峒、豬屠口討生活，一九七七年以十一張桌子在雙城街十九巷起家，將路邊的清粥小菜搬進小店裡。李秀英回憶，她開欣葉之前開了五家店全部倒閉，但在母親的支持下越挫越勇，決心把台菜做好，將客人的挑剔當作進步的動力，讓清粥小菜也能登大雅之堂，同時聘請辦桌老師傅擔任大廚，納入酒家菜、宴席菜，樹立台灣味的基本料理與味型。

年逾八十的李秀英，幾年前成立欣葉傳藝廚房，親自領軍研究料理，包括：復刻老菜、設計新菜，以及中外廚藝交流等，二〇一八年一月起，欣葉整合所有部門至內湖潭美街總公司，除了傳藝廚房另設中央廚房，下一步將致力於台菜的標準化，也為台菜的連鎖化與國際化鋪路。

魷魚螺肉蒜湯是充滿台灣古早味的酒家菜，在欣葉也能夠品嚐得到。

欣葉台菜珍藏著許多服務人員的美好青春。

融合土地族群的味道

打開欣葉台菜的菜單，熟客必點的好味道有：香煎豬肝、菜脯蛋、蛋黃肉、蔭豉蒜青蚵、米醬蚋仔肉、花生滷豬腳、滷肉、滷肥腸、薑絲小卷、豆油赤鯮等。此外還有節慶美食穿插其中：清明節吃的潤餅、尾牙必備的刈包、生日或過運的豬腳麵線等。

路邊小吃的切仔麵、五香雞卷、台式炒米粉、手打魷魚羹、炸花枝丸和麻油腰花也都吃得到，宴客的香烤烏魚子、五味九孔、香菇白菜煲、紅蟳米糕、佛跳牆，連台灣酒家菜的醒酒湯魷魚螺肉蒜湯也有，同時放入幾道在台歷久不衰的外省菜，不使台菜受到侷限。

飯後點心除了免費贈送現做的花生麻糬以外，冬天奉上杏仁茶佐油條，夏天則換成彈牙的杏仁豆腐，還有芋棗、鴛鴦酥、芝麻球等傳統點心，也令客人津津樂道。菜餚新鮮現做，不用半成品入菜，不但鑊氣十足，而且調味合宜，即使四代同桌皆滿意。

開店四十餘年的欣葉台菜，開創了許多經典料理，其中香煎豬肝是代表作，或許年輕人聽到內臟會避而不食，殊不知三、四〇年代物資缺乏，一頭豬只有一副肝尤為珍貴，肝的價格甚至是肉的五倍以上，欣葉堅持傳承此味，從選肝到收汁，風味出神入化，掌握細節讓美味獨步全台。

另一道招牌菜是正宗菜脯蛋，特別圓、特別膨，也特別香，硬是與眾不同。食材關鍵在陳年菜脯搭配新鮮雞蛋，菜脯得用油先炒過，方能與蛋液混合，使能突顯香脆，至於煎蛋看似簡單，卻有師

上圖｜一道香煎豬肝就可以吃出欣葉台菜所蘊含的功力。下圖｜蒜香白鯧的作法相當繁複，非常考驗師傅們的刀工。

傳專門負責，煎蛋師傅得歷經上百個菜脯蛋的磨練，達到正圓形的標準，才有資格站爐煎蛋。

醬味是歲月之味，亦是台灣之味，醬油滷煮豬腳和五花肉，也熗燒赤鯮和小卷，鹹中帶甘，入味又開胃。另有重鹹的黑色豆豉與鮮蚵送作堆，色淺味甘的米醬和蚋仔配成對，再配上一碗地瓜稀飯，讓許多老人家回憶艱辛過往，如今否極泰來，憶苦嚐甜。

台灣味不只是台菜的古早味，也有更多融合這塊土地族群的味道，其中我最喜歡的一道菜是蒜香白鯧。

本省人愛鯧魚，名字吉祥，形狀方正，過年拜拜指定使用，但蒜香白鯧以俐落刀工取下魚肉，又不破壞完整魚形，魚肉切片醃味油炸，連頭帶尾的魚骨同樣醃味再炸作為墊底，炸魚片堆疊在魚骨之上，結合蒜香、奶油、黑胡椒與檸檬等風味，一道菜的滋味彷彿快速穿越了台灣四百年。

欣葉台菜對料理技法絲毫不藏，每十年固定出版精裝大食譜，圖文並茂地介紹欣葉每十年對台菜的承先啟後與精益求精，很多人第一次吃到欣葉的杏仁豆腐嚇一跳，竟不是洋菜的脆而是太白粉的Q，這種作法非常耗體力，師傅需要站在熱鍋前用罈子用力打出太白粉漿的彈性，而且必須當天做當天用，否則隔天就變軟了，許多人看了食譜的作法才恍然大悟，美味如此得之不易。

日本等外國觀光客想把欣葉台菜的好味道帶走，於是李秀英開發了干貝菜脯、干貝 XO 醬，也把烏魚子烤好做成真空包，並將台菜獨有的醬油膏做成小瓶裝，讓旅人繼續回味。干貝菜脯與干貝 XO 醬都是現成的小菜，但干貝菜脯加上切丁的烏魚子立刻做成台式拌飯，干貝 XO 醬與細切蒜苗混合油炸花生米便成下酒菜，小兵立大功，風味加乘又變化無窮。

從一家小小的台菜餐廳出發至今，形成一個代表台灣的國際性餐飲集團，年營收近二十億元，旗下除了欣葉台菜，另有：坐擁 101 大樓景觀的欣葉食藝軒、吃到飽的欣葉日本料理、涮涮鍋加壽喜燒的欣葉呷哺呷哺、料理年輕化的欣葉小聚今品、環遊世界集香料大全的咖哩匠等，集團橫跨中國、日本等地，並引進最知名馬來西亞餐廳金爸爸 Papparich，以及中國餐飲百強的唐點小聚等連鎖品牌來台，讓所有人一起見證欣葉的成功與發展。

李秀英開發的干貝 XO 醬，百搭各種料理，也是許多觀光客會帶的伴手禮。

延伸探訪

王瑞瑤

資深美食記者、美食作家，現為中廣流行網《超級美食家》節目主持人，亦是飲食文化專欄作家。曾出版《還想吃：王瑞瑤美食報告書》系列、《大廚在我家》系列、《吃美食也要長知識》等著作。

美觀園

一九四六年創立，台灣和漢料理的代表，入口處的串珠門簾、復古的平快車座椅、超大容量的 1,800cc 雙耳啤酒杯等等，美觀園的魅力不只是平價分量大，還有定格不動的時代感。吧檯上的鮭魚、旗魚、鮪魚堆成小山，由蓄鬍的二代老闆張都進執刀切片，菜單以海鮮為主，迎合老中青喜好，亦保留最經典的招牌快餐，炸豬排飯配生菜美乃滋，以及一大片洋火腿。

青島東路蜜蜂咖啡

全台碩果僅存，四十多年前開始營業至今的蜜蜂咖啡，咖啡本身與蜜蜂無關，而是早年為了吸客而設置小蜜蜂遊戲機台。除了咖啡，還有全日供應現點現做的早餐與簡餐。重焙豆以虹吸兩次煮的手法，萃出不苦、不酸又甘醇的蜜蜂咖啡，讓你品味台灣咖啡史的重要滋味，每個咖啡杯的設計皆出自老闆蔡翠瑛之手，紅燒豬腳、宮保雞丁等簡餐主菜亦然。

天廚菜館

菜色最純正、品項最齊全、歷史最悠久的北方菜餐廳，成立於一九七一年，餐廳規模不小，一層是開放小吃區，另一層是包廂區，而出身於情報單位的老闆，為小店增添一層傳奇色彩。菜單有清后慈禧名菜它似蜜、袁枚食單的隨園牛舌，北京烤鴨則是日本客最愛，肉絲拉皮、蔥燒海參、炸蝦球、糟溜魚片、豌豆雞絲、炸醬麵與素蒸餃等皆是必點菜。

玉林雞腿大王

炸排骨和炸雞腿飯／麵是填飽肚子最常見的選項，但從炸粉的調配、肉片的厚度、炸油的溫度等細節堅持不打折，並傳承三代的唯有玉林雞腿大王。由祖父調配的特製酥炸粉，是玉林的美味關鍵，香氣獨具，酥脆不含油，完整又有厚度包覆排骨或雞腿，相較於別家一斤帶骨大裡脊切片六至七片，玉林只切四片多，實在滋味更勝一籌。

做生意就像做人，
真的講起來好像沒那麼在意賺錢，
看到這些老客人，心裡就特別踏實高興。

——吃吃看小館老闆娘　于華利

吃吃看小館

江浙菜的家鄉味，好似大叔大嬸的飯堂

文◎毛奇

師承一脈「開開看」

于華利是西門町吃吃看小館的老闆娘，氣質匀雅的她，雖然總是忙碌地出入飯廳堂，說話還是端端正正地，客氣又熨貼。這回我們聽于姐娓娓道來吃吃看小館的身世——吃吃看是萬華知名的江浙菜老館子，貴陽街、萬華、西門町以中華路為界，一邊是軍公教人員出入上班之所，一邊是娛樂消費的街區。戰後為數大宗的外省移民，就在這邊的街道巷弄，開設起眾多家鄉味小館。彼時文官系統以江浙人為貴，效法蔣總統，江浙口味菜式是很端得上檯面的菜式。吃吃看小館師承中華路上老店「開開看」，開開看於二戰後開設，老老闆是上海人，後來退休了，過去幫忙做事的一班師傅跑堂，就在老先生首肯下，出來開了吃吃看小館。

本省人老闆林義夫（右）與山東人于華利（左）用心做出許多老鄉懷念的江浙味。

1	2
3	4

圖 1 ｜湯頭清甜的醃篤鮮砂鍋。圖 2 ｜江浙菜名菜蔥㸆鯽魚是饕客們的心頭好。圖 3 ｜烤麩是經典滬菜，在以江浙菜為名的吃吃看也能嚐到。圖 4 ｜入口即化的腐乳肉是一道功夫菜，下飯又下酒。

吃吃看的掌廚人是老闆林義夫。林老闆是本省人，早在于姐去開開看跟上海人老闆做事前，就開始做餐飲，也跟上海人學菜，從去開開看做事算起，至今三十多年了。林老闆也做過自助餐，因此一些家常的本省菜色也難不倒他，不過吃吃看為了維持師承一脈開開看江浙小館的滬式菜色風格，並沒有增加太多的本省菜色，僅是點綴性加了像是「蔥爆牛肉」這種爽口快炒、人人都喜歡的菜式，菜色還是以滬菜和江浙菜為主。

于姐在開開看老館子還在中華路時，二十多年前就過去打工。她記得餐館裡工作的人不少，固定班底就有四個，她是其中一個，做到現在就剩她了。倒不一定每個都出身江浙背景，她自己本身是山東人，其他也有台灣人，大家就是殷實地做出老闆心中的家鄉味。

「我們這邊就是砂鍋和小菜，是比較受到歡迎的」，吃吃看小館有平價又美味的砂鍋料理——醃篤鮮砂鍋、魚頭砂鍋、獅子頭砂鍋。魚頭選用鰱魚頭，比較有肉，吃起來味道足。特別的是砂鍋的醬料，「我們自己用豆瓣醬調配炒製的，我們這邊吃不到沙茶口味的，就是單純上海、江浙口味的砂鍋」。小菜方面，有名的是蔥㷟鯽魚和腐乳肉。蔥㷟鯽魚，是江浙名菜，做起來很花時間，光是蔥要炸到足就要花上兩個多小時。老闆使用老作法，幾十年來都沒改過，就是慢慢煮到入味、魚骨酥爛。于姐特別提到，外面有些人現在用新的方法去做，比如用醋、用可樂去調理，據說骨肉很快就酥了，但吃吃看就是不要，林老闆情願用老方法慢慢做出來，守住老滋味。腐乳肉也是這樣一個功夫菜色，腐乳肉的紅色並非來自紅糟，而是使用紅色的豆腐乳湯汁，把顏色慢慢煨進去。不煮個一兩個小時，

是沒辦法呈現這種晚霞般溫潤色澤的。

值得一提的料理還有嗆蟹，現在做嗆蟹的店家少了，外面不好找。吃吃看的嗆蟹，有固定搭配的漁船蟹商，從海港直接進貨，才不會受限批發市場的貨品狀況。這個嗆蟹，是很多老客人的心頭好，首先要用多年經驗比例的鹽水去醃，也下米酒，食用前才再淋上高粱，這樣不但不影響蟹肉的鮮甜滋味，還帶有濃郁酒香，最是爽口。曾經有老客人因為旅居廈門，又嘴饞這味，千方百計要了食譜配方去，卻依然做不出這口味，還是回來報到。只可惜海洋生態變遷，過去吃吃看嗆蟹指定使用金門梭子蟹，去年開始改用萬里三點蟹。

對于華利來說，到了一家店，首先就是憑感覺、剛進去也還沒吃東西，首先要感覺好，比如說感覺到人好，接著才是吃下去的菜好不好吃。做餐飲的，倒也不用太做作，「做生意是在做人的事，禮貌待人，接待大家。就像到別人家，不喜歡別人擺架子是一樣的道理吧！」

嗆蟹淋上些微的高粱酒吃起來更對味。

平價點餐的方法

吃吃看小館位在台北西區的老城區萬華，供應的是江浙餐式，鄰近國軍文藝中心，戰前附近更是西本願寺所在地，在政治行政中心區域的邊角小街上，是十分接地氣的小餐館。在這裡吃飯，不必拘束禮節，彷彿到眷村大叔大嬸開設的飯堂似的，用合宜的價格就可以大快朵頤。我不是土生土長的台北人，但每每沿著重慶南路、中華路走到萬華一帶時，很樂意拐到小街巷裡，來點外省移民的家鄉味。

到吃吃看找吃的方式有兩種，一個是看菜譜點菜，或是像吃路邊小吃點黑白切那樣，若您心中有熟稔的江浙小菜，進入那不起眼而略嫌簡略的門，往左邊櫥櫃一看，跟老闆詢問點菜。一盆盆炮製完成的盆頭小菜，散發著江浙菜濃厚與清新交織的風格，誘人下手。比如燒至焦黑甘甜的蔥㸆鯽魚，一尾一百五，一條條與蔥醬汁躺在不鏽鋼盆中；必備的烤麩——烤麩像是滬式小館的身分證，沒有這道便不成味，吃客也約略可從烤麩的手法定位餐館的

風格。吃吃看小館的烤麩口感偏濕軟，醬汁鹹香，率性地團團在白底藍花餐盤上——這是家常、勞工與老鄉口味了。點翠般的四季豆、雪菜百頁、黃豆苗，屬於用來平衡的蔬食菜色。但最誘人的難道不是那些，鍋中煮得軟爛濃口的蔥燒茄子，蔥油芋艿、噴香的臭豆腐小菜嗎？

滬式菜色濃烈，但不過分甜美。我們說深褐色的濃油赤醬，糖香在焦糖化之前就與醬油與油脂滑順成沁入食材肌理的調味。另一頭，濃，是乳白的時間之味。來看湯品與砂鍋：砂鍋魚頭、砂鍋豆腐、砂鍋醃篤鮮、獅子頭、鹹肉百頁湯，這幾道都借助蛋白質老肉新肉燉煮的威力，化出乳白的湯頭基底。在最沒胃口的時候，阮囊稍微羞澀而渴望中式湯品久煮的甘鮮濃厚時，我來吃吃看找吃。菜單上值得玩味的一點還有酒單：大小高粱、黃酒、蔘茸酒、五加皮、竹葉青，這種體貼長輩口味的平價酒品選擇，讓來客都能好好地在餐酒話語中暢懷。

我會建議這麼點菜，湊合出一桌帶著台灣地氣的江浙家常菜：冬天來一鍋醃篤鮮砂鍋、點上青江菜飯和腐乳肉。腐乳肉是功夫菜，師承上海老師傅的味覺手藝，類似小封肉的五花部位，卻用紅色的豆腐乳醬汁慢慢煨煮到皮酥肉爛。年輕客人會誤以為這是台式紅糟肉的變體，不是的，這是一道可以下飯下酒，油亮紅潤的滬式菜色。食用前店家會再幫客人蒸熱，屬於越做越入味的耐吃好菜。

夏天就在盆菜裡的冷盤陪襯下，將啤酒高粱痛快喝下肚吧！雙重酒香帶出的招牌嗆蟹，肉質鮮甜，有酒香，有鮮鹹，不掩海鮮本質。配上雞絲拉皮，清爽的涼拌菜色，在燠熱的海島日頭下，都能吹起小江南的微風。

吃吃看小館因為有許多招牌料理非常下酒，有不少熟客寄酒於此，形成店內的擺設。
（飲酒過量有害健康，未滿 18 歲禁止飲酒。）

延伸探訪

毛奇

人類學學徒，在生熟之間做食物與人情的田野。為知名專頁「深夜女子公寓的料理習作」版主。曾經行走異國與台灣鄉鎮尋訪食物產地與人群。作品散見於書籍與報章媒體，著有《深夜女子的公寓料理》。

康樂意小吃店

康樂意是古亭老店。位在汀州路二段，過了牯嶺街，還沒到中正橋，這一帶是台北稱作城南的地區，康樂意是一間毫不起眼可是滋味實在的小吃店。康樂意的包子是台北一絕，老麵發的扎實包子皮，肉包鮮甜有湯汁，菜包青翠帶著草氣，豆沙包甜蜜有糖意，老派實在。而老顧客不只吃天天大排長龍的包子，還吃那餛飩、乾麵與酸辣湯，老滷湯汁與新鮮麵條是我的古亭鄉愁。

銀翼餐廳

捷運東門站的銀翼餐廳，前身空軍伙食部，是川揚菜老餐廳。不少外省家庭從爺爺那代人開始吃，多少也感嘆隨著時光，口味越來越趨近海島甘緩之味。曾經在銀翼吃過像是炸肥腸、香酥鴨、燻鯧魚這樣的大菜，但算起來要跟著焦桐老師吃銀翼才真正認識這餐館家常蘊藉之味。軟滑鹹香的蔥開煨麵，底部香酥的多汁煎餃，莫忘黑碗上素雅的雪白文思豆腐羹湯開出一朵花，最後以甜蜜馥郁的桂花蓮子糖藕作結。

古亭牛雜湯

工作晚了出捷運站，有些店家深夜的燈火像燈塔召喚遊子。古亭牛雜湯的藍色燈火就是了。老闆表情總是嚴肅，難得的是牛雜內臟清理得極為乾淨無雜味，一碗牛骨燉煮的湯底配上牛雜片，再搭配一葉九層塔方舟提出甘芳風味。作為午夜的撫慰，工作與家之間的暫泊處，還有麵條煮到偏軟的麻醬麵，唏哩呼嚕就能大口下肚。這是這樣一間開給夜歸人的精實小吃店。

東門赤肉羹

東門市場的好，跟中正紀念堂周邊乃至延伸到大安區的生活圈是連在一起的。內外市場，新鮮精緻，老派熟食，通通有。東門赤肉羹在市場旁一條街巷內，勾芡恰到好處、醃肉夠味又新鮮的赤肉羹湯，加一點蒜末點綴，滋味迷人。他們家肉燥飯也是鹹香夠味，配盤燙青菜，直抒台式胃腸的一口氣。若午餐吃不得點油膩，亦有台式黑輪甜不辣可選。生意極好，晚到只能扼腕。

排骨 飯・麵
雞腿 飯・麵 150
魚排 飯・麵 150
排骨・雞腿・魚排・乾麵 150
牛腩燴飯・乾麵 160
燴 飯 150

就是想給客人最好的，
選材用料、用餐環境、款待式服務，
缺一不可。

——東一排骨總店老闆娘 何淑麗

東一排骨總店

品嚐一份 令人嚮往的美好年代

文◎林家昌

不只是排骨飯

漫步在北門城西的台北舊城區，在中山堂抬頭就可見那老綠色的傳統招牌，大大地寫著「東一排骨台北總店」八個大白字，儼然就是記憶裡那個排骨便當店該有的形象。位於延平南路上的一棟老舊大樓二樓，每天除了填飽這個城市的胃納量外，還會接待從中國大陸、日本、韓國、東南亞慕名而來的觀光客，「東一排骨總店」承載著許多新舊台北人的記憶，靜靜地見證著城中區一帶從繁華到平淡到翻轉的歲月時光。

妝扮高雅而俐落的美麗婦人在櫃檯接聽電話後，起身在座位區間來回巡視招呼客人，看到需要服務的，直接上前接手就做；時而走到備餐區關心菜品狀況，時而殷勤交代員工，凡事親力親為，散發親切而穩重的氣質。這是東一排骨店的

老店招牌寫著「東一排骨旅行便當」，告訴客人「旅行吃便當是最好的時機」。
圖中為剛創業的何淑麗。

老闆娘——何淑麗，她從年輕起就和先生攜手打下一片江山。

「最初只是想找個最簡單的來做，因為我會做菜，想說萬一失敗也不會賠太多錢。」何淑麗語氣輕巧地說著當年，好像並沒有太大困難。事實上東一從一九七一年開業至今已四十七個年頭。從開封街一間十坪左右的小店面，發展到現今將近三百個客席的規模，創業維艱，經歷過大大小小的事件與衝擊，像是停水、二〇〇三年SARS事件、經濟的起伏，一路堅持過來，用心的料理和溫暖的款待，不曾辜負過老客人的期待。

何淑麗表示，菜單上每一道品項都是自行研發出來的，而且是自己覺得最好吃的，絕不會因為是排骨飯店，就不去鑽研其他料理。每一項的選材用料都要講究，豬肉必須是溫體豬，由手工處

何淑麗對配菜料理也很講究，菜色要求豐富多樣。

理，配菜不能單調，要選用當季新鮮而豐富多樣的蔬菜，就連公司湯（餐廳免費供應的湯）都要精緻。

而既是懂得生活情調的老台北，又怎麼能少了專業水果吧來完成每個食客用餐的完美結尾，來杯現打果汁、現切水果盤和洋玩意兒的香蕉船；既然要處理水果就必須要有個專業的吧檯。光是有專

飯後點一客香蕉船品嚐，是最完美的收尾。

東一排骨的專業果吧，有五星級飯店水準。

門的吧檯供應水果切盤或冰品這點，在台北甚至全台灣也唯有五星級飯店的規格才足以和東一相提並論。倘若真要雞蛋裡挑骨頭，就只差香蕉船上桌時少了那童趣的一朵彩色小紙雨傘了。為此，縱使每一客飯的成本逐年攀升，但是店東仍然堅持給客人們這美好收尾的原則。

用餐環境則讓人好似瞬間跌進了時光隧道，穿越到四十年前的台北某個華麗大舞廳：巨大的陶瓷花瓶、地球儀、古典的鋼琴、環繞的 Bosch 音響、大理石桌、木雕藝術品、冰果室或老式快餐店才有的紅色靠背椅、彩繪玻璃天花板、擺滿新鮮水果的玻璃冰櫃、各式骨董收藏……，挪開桌椅儼然就是當代（當然是七〇年代）潮男潮女們熱情歌舞的歡樂舞池！就是看不到炸排骨店的油膩或凌亂。於是不禁油然而生第二個念想，是否這是個舊歌舞廳改成的餐廳呢？答案也是否定的。它是店東夫婦為了顧客精心打造而成的，絕不同於一般快餐便當店的擁擠嘈雜，東一的走道寬敞、桌距遠，可以極度舒適自在地與同桌朋友用餐聊天。

動輒十幾二十位穿著整齊劃一的服務人員，有一套既有的標準服務流程，排成一列呈標準姿勢，隨時等著輪流帶領點好餐的顧客入座，接著飛也似地端著托盤，小心送上幾乎滿溢的公司湯、菜飯和主餐。這些服務人員大都已是中年的叔叔阿姨輩，他們有些伴隨著餐廳走過了二、三十個年頭，人手一托盤佇立看著顧客來去：也許是小情侶飯後來個香蕉船的純情約會，後來組織了家庭，帶著孩子來吃；也許是被父母帶來的小孩，長大後也帶自己的小小孩來吃、邊聊著外面已經看不到的老台北光景。若訪問老顧客，最常聽到的就是：「從年輕十幾二十歲就來吃了，味道都沒變！」這些感動的時刻，是只有老店才有的風華記憶，也是店東夫婦這四十多年來一路堅持，最大的欣慰。店內顧客與員工的流暢互動與默契盡在不言中，四十幾年來見證了台北的多變，和東一的不變。

這一切華麗的開始與延續，就單單只是：「想做不一樣的排骨飯店」。數十年如一日要做東方第一，我想這就是東一排骨堅持的職人精神。

東一排骨已傳承至第二代，由兒子接手內場，女兒負責行銷。

香氣撲鼻的酥脆排骨

東一排骨裡的種種品項，道道都有各自的擁戴者，讓人也甘願捨排骨飯而投奔其他菜品的懷抱。餐飲有時很政治，沒辦法同時討好所有人，但當一間餐廳的菜單上每項單品都有各自的愛好者，你就會知道主人家有著無可苟且的靈魂，這是要成為多數人心中無法取代的存在，一個絕對的要素。東一排骨的菜單意外地簡單，不像一般餐廳品項多到客人看得眼花撩亂，主餐就是「排骨、雞腿、魚排、牛腩、咖哩、麻油雞」總共六項，店東堅持不做太多樣，「做到精、做到專」才是最重要的。

第一次上門的顧客，必點一份招牌排骨飯，分量絕對讓人咋舌。裹著祖傳祕方的金黃外皮被炸得酥脆，咬下去的剎那並非全然俐落的脆硬，而是有層次地從酥（伴隨耳朵聽到細微的卡滋聲）、柔軟、彈牙到裡脊肉本身剛剛好的嚼勁，接連醃製過的香氣竄滿鼻腔，是種不能被外界打擾的過程。慢慢一塊塊吃到接近骨肉相連處，開始有油脂的香氣和筋的嚼勁。熱愛裡脊肉的朋友就知道，帶骨裡脊最獨特過癮的，就是撕咬那骨邊肉有韌性的口感與聲響。若是更加講究口味變化，就再淋上一些黑醋，讓醋的酸香帶走油炸的些許膩感。吃到這個進度，回過神來，驚覺自己尚有精彩的菜飯和隱藏驚喜的公司湯還未下肚。

說到菜飯，有許多常客專程為它而來，若是再細分些，有滷肉醬汁的擁戴者，也有炒青菜的擁戴者。手切精選的後腿肉丁，滷到豬皮的膠質滲透在醬汁裡，但還保有豬皮的Q彈，澆淋在白飯上，舀入口中連嘴唇都被沾上幸福的黏性，莫怪滷肉飯擁戴者一而再、再而三地上門，到排骨店吃碗香噴噴的滷肉飯。

若是排骨與滷肉飯吃得有些口膩，夾上一筷子炒青菜，爽脆有清香味，柴魚高麗菜和蒜香花椰菜是常駐要角，第三道有時是炒韭黃、小黃瓜、豆干等家常菜品。吃得盡興了，再稀哩呼嚕地喝碗配料滿滿的公司湯，公司湯經常替換，共通點是八分滿的配料，這天喝到的是黑木耳排骨湯，料多滋味豐富，來自食材的天然風味，不得不大呼過癮，感受到店東滿滿的心意和任何細節都絕不馬虎的堅持！

如同華麗大舞廳的東一排骨，承載許多新舊台北人的記憶。

延伸探訪

林家昌

在美食領域裡，被媒體喻為「瘋狂的美食獵人」，走遍歐、美、亞、非各地，採集過兩百個以上的星級料理，創立美食粉絲專頁「C.c Foodie 美味無極限」分享美食資訊，亦有知名飯店董事、投資顧問等身分。

金春發牛肉店

「金春發牛肉店」熱賣超過一百二十年，已正式獲頒台北市政府百年老店證書，無疑是台北代表性的美食。料理首選就是店頭一鍋滾燙的牛雜湯，處理得宜的各式牛內臟加上濃郁的湯頭，讓人感動地忍不住一再加湯，特調的豆瓣醬更讓人感到幸福；沙茶基底的香氣搭配清脆蔬菜，那炒牛肉熱騰騰上桌時，筷子就是一步到位，而咖哩調味的炒麵更是另類的品味享受。

李亭香

由於李家騎樓（亭仔腳）時常飄出陣陣餅香，因此將餅店命名為「李亭香」。第二代傳人李淵潭於一九五一年擴展至南北貨眾多的迪化街，運用在地材料研發了至今仍廣受歡迎的咖哩平西餅。細滑內餡是以白鳳豆經滾水去皮，混合豬油及糖不斷翻炒製成，外皮酥脆，甜而不膩，入口即化，感動人心。新生代在營運注入新思維，除了堅持手工製餅的精湛傳統手藝外，行銷、包裝等各類跨界的精彩結合都令人激賞。

延伸探訪——林家昌推薦

北平都一處

由慈禧御廚博繼昆，到嫡傳弟子徐繼聲，宮廷手藝一路傳承到人稱徐老爹的徐翰湘已經是第三代傳人。我最歡喜是那一疊的醬肉，吆喝著切上一盤，只見肥肉上的豬皮與醬凍融為一體，滿滿的膠原蛋白，包入剛出爐熱騰騰還冒著煙的芝麻燒餅，道地的北京菜醬肘子是用六十年的祕滷熬製，肉質滷得極軟爛，可說是入口即化，肥瘦各半，口味鹹淡拿捏得宜，一口咬下讓人難以忘懷。

清香廣東汕頭沙茶火鍋

人生初次步入清香時，我尚是個嘴上無毛的小夥子，如今一轉眼也成了當年店內那些熟門熟路的老主顧。說起清香，在老台北的美食地圖上，總是圍爐團聚時的最佳選擇（無論天冷天熱），清淡鮮甘的湯頭，帶有扁魚魷魚香氣，而一盤帶肥的三叉尖牛，彈牙多汁的台灣牛香，讓人銷魂欲罷不能，搭配各式手工火鍋料、芋頭，更少不了遠近馳名的自製清香號沙茶醬，此等美味只想和親密好友獨享！

「師古創新，萬變不離宗。
扎實的基本功是一切創意的起點。」

——華泰九華樓主廚　李康寧

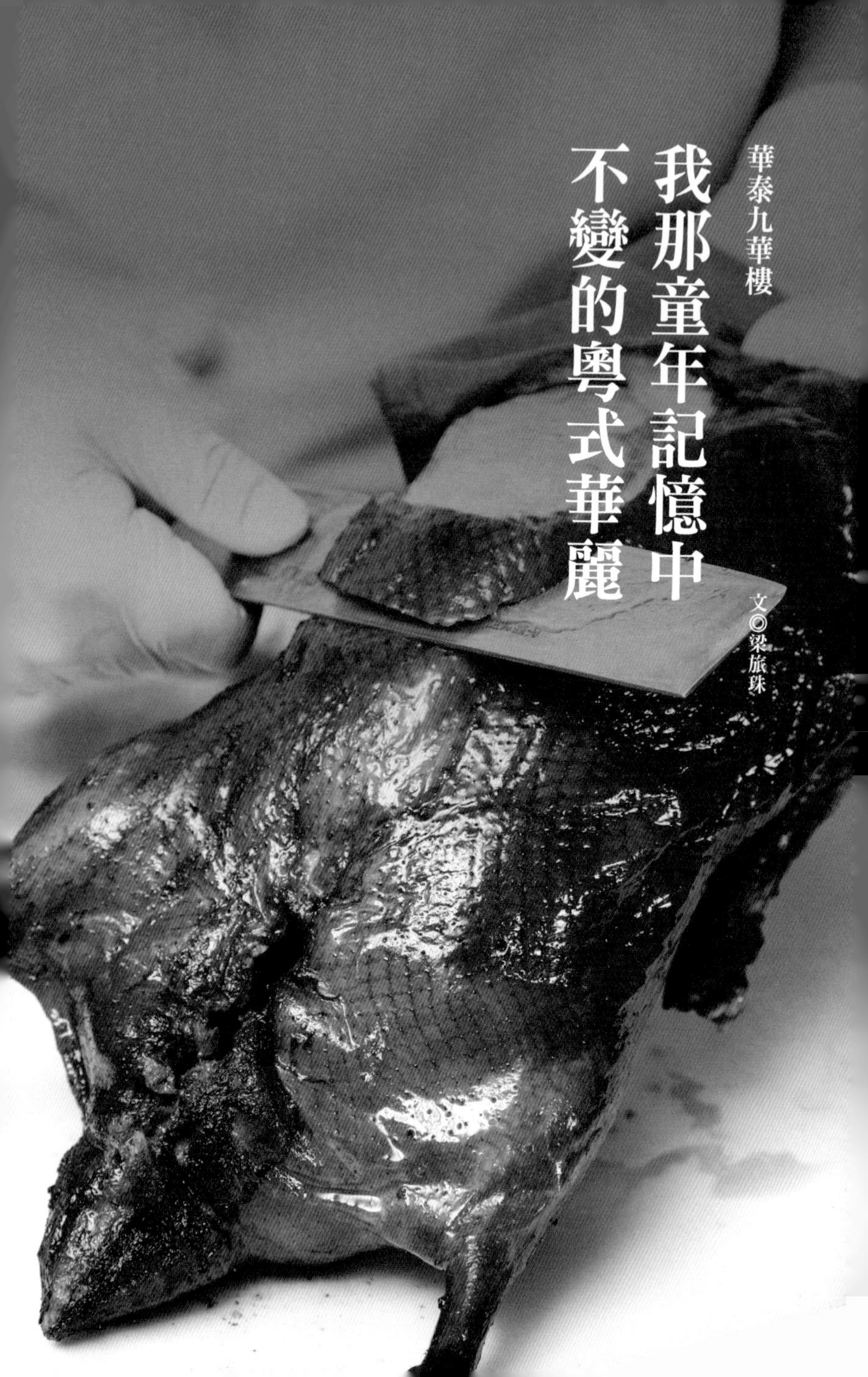

華泰九華樓

我那童年記憶中不變的粵式華麗

文◎梁旅珠

來跟廚俠說菜過招

位於林森北路的華泰大飯店，對我來說是個充滿回憶的地方。我父親經營旅行社近半世紀，算是台灣觀光業界的元老，因此在很少人帶小孩上大餐廳外食的七〇年代，我就幸運地常有機會到像華泰這樣氣派堂皇的「大飯店」用餐。

創立於一九六九年的華泰大飯店，一九八七到八八年間曾歷經一次大改裝，二樓的中餐廳「九華樓」，也在同時由原本的川菜改為粵菜，董事長陳天貴親自赴香港聘請名廚來台，當年不論是菜色或裝潢，華麗的變身讓我印象深刻。或許九華樓的歷史和演變，正好印證了台灣這五十年來飲食口味與潮流的更迭。八〇年代後期經濟發展股市飆升，原本流行的川菜因為口味較重，使用的食材也不夠高檔，已經無法滿足想進一步

李康寧師傅示範「炒」、「盛盤」、「上菜」三大基本功。

九華樓的氣派堂皇滿足台灣人對精緻飲食的追求。

追求精緻豪華的台灣人，因而擅長處理許多頂級海鮮食材與注重排場的香港粵菜，成了市場新歡，當時有一波港式點心以外的香港高級餐飲界人才被延攬至台灣，像九華樓的現任主廚李康寧，就是其中一人。

李康寧師傅來台時才二十四歲，年紀雖輕，在香港卻已經有七年完整的中廚歷練，專長炒爐和扣燉（蒸籠類的料理）。李師傅家族中完全沒有人從事餐飲業，會投入這一行純粹是因為從小愛吃，母親在爐檯前炒菜的模樣，總讓他不自覺地想上前幫忙。他對食材的組合變化感到好奇，也享受做菜的感覺，因而母親雖然不是他的烹飪老師，卻啟發了他一生的志趣，也讓「炒」這項運用火候來造就口感驚奇的功夫，成了他最專精的廚藝。

新全鴨匯之一：滷炸風味鴨全拼。

如今在台灣已超過三十年的李師傅，早已落地生根成為台灣女婿，育有一女一子，不但事業有成，也湊齊了人生的「好」字，因此對於當年建議他入行，以及後來推薦他轉戰台灣餐飲界的朋友們感念在心。我問李師傅，究竟是什麼原因讓他能夠適應離鄉背井的生活？他笑答：是台灣客人的熱情吧！曾有老客人一眼看到上桌的炒青菜就知道是他親手炒的，讓他備感窩心又有成就感。他覺得香港餐廳的客人習慣與外場和樓面經理建立關係，鮮少與廚師有交集，但台灣客人卻喜歡跟主廚互動、說菜過招，因此在香港常會聽說客人隨著離職的「樓面」換餐廳，在台灣則比較常發生客人跟著轉職主廚「跑」了，這一點對身為廚師的他來說，是兩地餐飲業最有意思的差異。

新全鴨匯之二：避風塘香炒鴨骨。

上圖 | 新全鴨匯之三：鴨肉蝦皮砵仔糕。
下圖 | 新全鴨匯之四：鴨油蒜炒令時蔬。

不過，初期真正幫助他克服思鄉情懷的生活寄託，其實是武俠小說。白天李師傅上班為客人做菜，晚上睡前則為自己「煲」小說，從金庸到黃易什麼都讀，李師傅的「練功」口味很雜學，這一點也反映在他對後進廚師的提點上。人們常說滾石不生苔，但李師傅認為精進廚藝必須不怕挑戰，就好比養魚要換缸才會長大，因此不該害怕換環境。雖然現在的年輕人比較沒有以前那種飲水思源、終生師父的觀念，他還是用心、耐心地指導，因為「萬變不離宗」，對於粵菜這種源遠流長，不論食材搭配或技法，皆已臻爐火純青境地的廚藝文化來說，扎實的基本功是一切創意的起點。

身形挺拔的李師傅看起來滿有練武之人的英氣，若是有人邀他去武俠劇軋一角廚神廚俠之類的，我想我也不會意外。不過武俠小說的天馬行空，並沒有影響李師傅在現實生活中腳踏實地的耿直個性。他說武俠世界描述的英雄多是單打獨鬥，但個人英雄主義在像九華樓這樣大型餐廳的工作環境中是行不通的。在李師傅眼中，廚房裡沒有職位的高低，只有大家合力把菜做到位，讓客人嚐到屬於九華樓的美好滋味，這才是最重要的！

「九華譜」好武功

九華樓跟李康寧師傅煲武俠小說的興趣有一項奇妙的巧合，那就是歷屆菜單的封面設計以及名稱「九華譜」，感覺都滿像武功祕笈。其實九華樓的菜單內容，三十年來並沒有什麼改變，李師傅認為，原因是粵菜在上世紀末的香港，不論是食材組合或烹製技巧，都已發展純熟。

儘管「不離宗」，九華樓菜色的萬變巧思，還是表現在不定期但持續推出的「菜單外」創意菜式上。比方老客人都知道，「九華譜」內雖沒有火鍋，但冬季九華樓一定會推出獨家湯頭的火鍋料

加入大量蔬菜的新全鴨匯美味依舊，吃起來更清爽無負擔。

理，像過去曾出現在餐桌上的松茸鍋，到近期的麻辣鍋和香菜鍋，皆料精實在，湯頭也讓人驚豔。

不過，我心目中九華樓歷久不衰的最經典菜色，還是非華泰片皮鴨莫屬。九華樓的烤鴨採傳統港式片皮鴨作法，但在淋麥芽醋與淋油這兩道手續上特別講究，鴨皮因獨門技法而潤澤油亮，肉質綿密多汁。讓這道菜魅力持久不墜的大功臣，是九華樓主管燒臘部門的馮秋良師傅，在九華樓已有近三十年的資歷。多年前九華樓曾獨創在餅皮中包入甜酸薑以解油膩的吃法，近年更在原本的烤、片手法之外，再加上中廚部門的煮、蒸、滷、燉、炒、炸、涼拌等烹調方式推出了獨步全台、甚至可說是全世界最多的一鴨九吃「全鴨匯」。九華樓各有專精的老牌粵菜職人，在台灣經驗多年的滋養下，聯手打破傳統窠臼，把台灣的吃鴨風潮，推向了另一個高峰。

二〇一七年，一鴨九吃的全鴨匯因應客人反饋，由李康寧師傅主導進行升級改版，如今的菜色包括滷炸風味鴨全拼、泰式涼拌沙拉集、金沙爽脆杏鮑菇、蔥麥雙餅片皮鴨、荸薺生菜片鴨鬆、避風塘香炒鴨骨、鴨油蒜炒令時蔬、鴨肉蝦皮砵仔糕，以及慢火陳皮鴨骨粥／芥菜精燉鴨骨湯，其中結合避風塘作法的香炒鴨骨更是李師傅靈光乍現的新點子。加入了大量蔬菜的新全鴨匯美味依舊，但吃起來果然更清爽無負擔！

全鴨匯創意以外的亮點，在於善用鴨子每個部位以減少食材浪費，還有使用嘉義麥所製成的麵粉來烙鴨餅以減少碳排放的環保概念。此外，為了讓更多人可以享用到老鋪名菜，大飯店卻大眾化的定價，更讓我感受到九華樓志在永續經營的誠意與用心。

九華樓的菜單很有武功祕笈的風格。

延伸探訪

梁旅珠

明曜親子館負責人、呈熙文教基金會執行長，曾主持台灣第一個自製旅遊節目「世界真奇妙」，獲得新聞局金鐘獎。出版作品有《究極の宿：日本名宿 50 選》、《那些旅行中的閃閃時光》、《浮世的繪：我和我的那些日本朋友們》、《日本夢幻名宿：溫泉、美食、建築的美好旅行》等，為知名美食旅遊作家。

鼎泰豐

我娘家在永康街附近，與「鼎泰豐」的交集早從這家店還是油行的時代就開始了，多年來近身見證鼎泰豐如何讓小籠包成為台北最佳代表性美食的穩步成長過程，總有著家人鄰居般的參與感與驕傲。除了菜色越來越豐富以外，獨創的效率管理確保了每位客人都能得到美味好食與親切服務，是最讓我感到由衷敬佩之處。

玉喜飯店

「玉喜飯店」是台北東區人熟知的老餐廳，近年因平價美味的港點受到歡迎，但很多人不知道玉喜真正厲害的其實是傳統桌菜，融合川、湘、粵、台的各式料理，從頭盤（前菜）到大菜都好吃，不論是砂鍋土雞湯、紅蟳米糕或烏蔘蹄膀，美味度與一些以同菜色打響知名度的餐廳相比毫不遜色，用料價格也實在，於餐廳享用之外，是我在家宴客時最喜歡買來「壯聲勢」的選擇。

大車輪火車壽司

西門町的「大車輪火車壽司」，據說是全台第一家迴轉火車壽司。我一年有三分之一的時間在日本，對台北近來興起一些裝模作樣價格又嚇死人的壽司店興趣缺缺，但大車輪這種「台」到最高點的日本料理，由可愛的老火車拉著跑，對我來說卻是超級親切。充滿回憶的烤北海道鮮干貝、鮭魚親子壽司和夾了肉鬆的花壽司……，若再加上台味炒龍鬚菜，療癒度滿分。

臺一牛奶大王

「臺一牛奶大王」是台大人共同的青春記憶。這裡最知名的除了夏日冰品，還有熱食的湯圓，但熱食中我最喜歡的其實是大餛飩，簡單懷舊的口感和味道，讓我每次去都非得再外帶兩盒冷凍餛飩回家不可。不過我這個芋頭控和花生控最無法抗拒的，還是世界上最好喝的臺一芋頭牛奶沙和花生牛奶沙！由於我每次去都無法決定要選哪一樣，只好一次喝兩杯。

只要肯用心，沒有學不來的事。

——福州新利大雅董事長 蔡政見

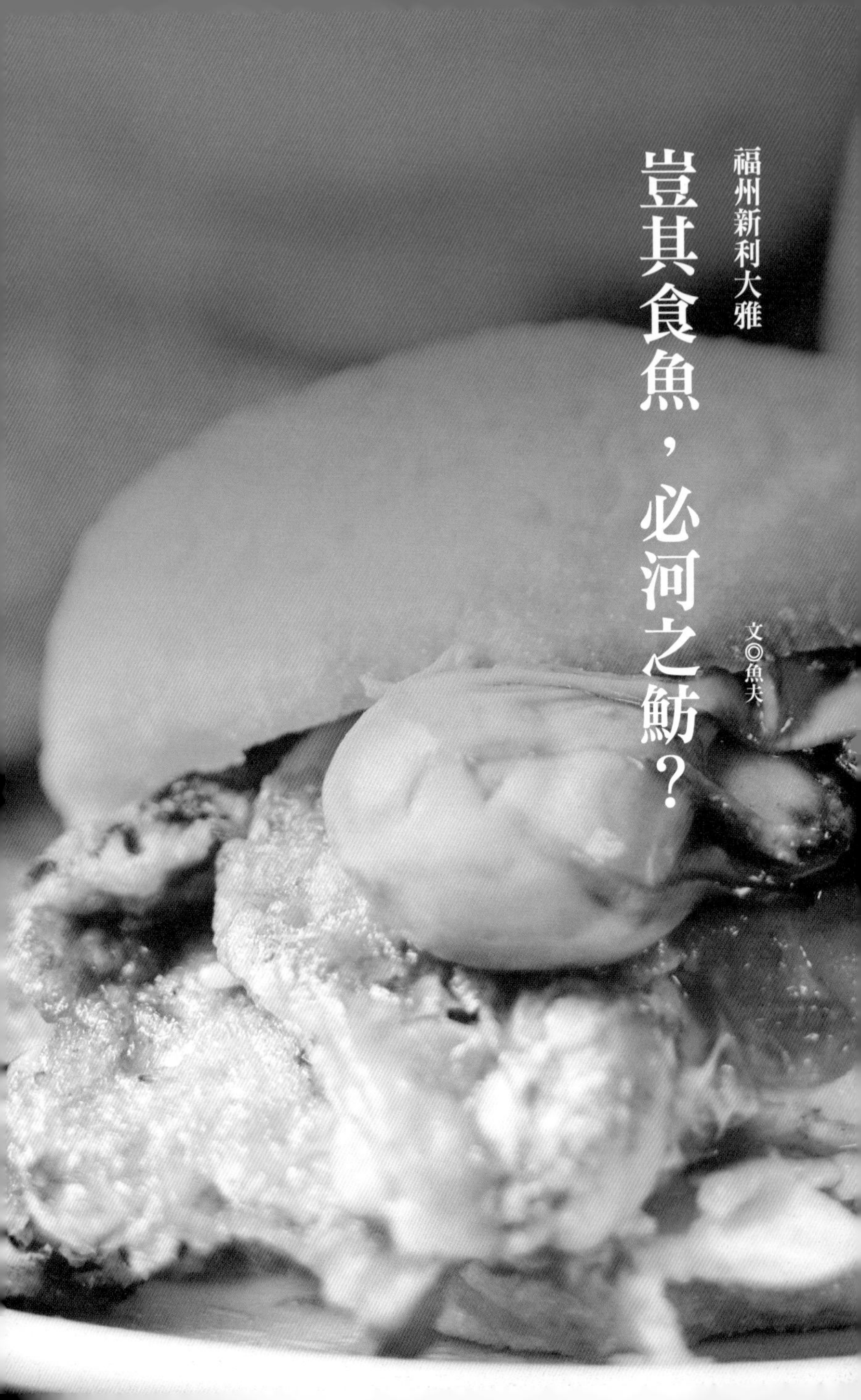

福州新利大雅

豈其食魚，必河之魴？

文◎魚夫

去看、去學、去做

其實台灣料理受到福州菜的影響很大。

現在的福州菜多已化整為零散落民間，就像咱們愛吃的刈包來自福州；再如紅糟肉，則成了小吃裡的配角，偶見連紅麴（紅糟）都懶得泡了，直接油炸，改名紅燒肉；著名閩菜之王——佛跳牆，在日本時代以台灣芋頭取代栗子後，便成了台版佛跳牆，作法分道揚鑣。

我曾赴福州研究當地的飲食，當然是小吃到宴席料理都不能錯過。記憶中，在台灣以福州菜為招牌者鮮之見也，台北西門町的福州新利大雅餐廳是少數之一。

新利大雅源自一九四九年來台的福州同鄉所開設的勝利餐廳，因股東間意見歧異分立成「新

新利大雅是經過多年的千迴百轉才整合而成的餐廳。

利」、「大雅」，最後才由現任董事長蔡政見千辛萬苦地整合成「福州新利大雅」，成為西門町唯一的福州菜餐廳。

「大雅」是蔡政見的福州菜館起點，與幾位福州鄉親合夥入股。當時這家店已有三十幾年的歷史，生意看似興隆，卻不如外人想像中的能獲利。蔡政見說，為了撙節開支，自己從早忙到晚，去看、去學、去做，內場能掌杓端出簡單菜色諸如蚵仔煎蛋；外場能端盤服務；櫃檯接電話、結帳……，更重要的是收回採購權，每天清早騎著偉士牌去買菜，食材多且重，塞滿機車腳踏板，三年內騎壞三部機車，營運才慢慢上軌道。

六、七〇年代是台灣經濟起飛期，到了八〇年代是股市大好，西門町紅包場、娛樂事業吸引人潮，蔡政見形容那時「天天都像假日」，每月營業額都有兩、三百萬元；不過，隨著老鄉凋零、年輕人飲食習慣改變，現今生意不若以往，只有逢年過節才能讓他「忙到走不動」。

蔡政見進入餐飲業，從當年不到三十歲的年輕人到現在六十好幾，他認為自己一路走來是「遍體鱗傷」卻「從未想過要放棄」。他說：「別人是開餐廳來買祖產，我是賣祖產來開餐廳。」餐廳好不容易從一九九九年的九二一大地震恢復元氣，又遇上二〇〇三年的SARS事件，生意慘澹到爸媽、兄弟、太太等家人紛紛苦勸，希望他能「畫下句點」。可是，蔡政見怎麼可能輕易放棄自己經營幾十年的老店，只能先安撫家人的憂心，拿了鄉下的田地去跟銀行借錢，拜託大家再給他一年的機會，「其實，我心裡打定主意，不可能結束營業的。」

在蔡政見的心裡，他要做的是文化的傳承，

美食有其文化，老店有其歷史，咬緊牙關也要走下去。「而且，老主顧那麼多，我不希望他們以後吃不到正統福州菜。」

近年來台北有家正宗的福州菜曾經曇花一現，那就是清國大官沈葆楨的後代、曾任駐美代表的沈呂巡其弟沈呂遂所開設的福州官府菜「翰林筵」，只可惜因財務周轉不靈，只經營五年就偃兵息鼓了。不若新利大雅堅此百忍，如今也有一甲子以上的歷史了，連沈呂巡都為了千里蓴羹跑來一嚐家鄉味了。

紅糟是福州菜路的一大特色，其中紅糟鰻更是新利大雅的經典菜色。

糖醋、紅糟、海鮮

福州菜的味道偏甜、酸、淡，很是重視高湯的熬製，甚至有「一湯十變」之稱；在運用紅麴尤其得心應手，在燒湯、油炸、炒肉都要紅糟來⿱毛灬味。酥炸紅糟鰻到現在仍是新利大雅的招牌菜，烹煮時，將鰻魚用紅麴醃過，再包上粉衣下鍋炸酥。

用紅糟製作的福州佳餚品項很多，除了紅燒鰻外，我在福州聚春園等著名餐廳遍嚐後，居然發現可以紅糟來辦一桌宴席了，記都來不及記，諸如醉糟雞、紅糟肉（亦稱糟母肉，分成炸和醃製兩種）、紅糟爆蜆子、淡糟香螺片、紅糟羊、紅糟田螺、紅糟魚、紅糟炒腸、螃蜞酥、紅糟排骨、紅糟筍片、紅糟炒蕨菜、紅糟荔枝肉，當然也再變化為紅糟香腸、福州糟蛋（禽蛋經過糟漬後，蛋殼脫落，變成一層薄皮，而蛋皮呈白色凝脂狀，蛋黃轉為橘色）、糟醉雞卷等，其中有一味光餅糟肉尤其令我留下了深刻的印象。

光餅傳說是明朝打倭寇的戚繼光作戰時的士兵口糧，一塊圓餅中間一個洞，供穿繩串起，形狀類似洋食裡的 Bagel，福州菜裡可將光餅從中剖開，或夾紅糟肉或蚵蛋，蚵蛋就是蚵仔煎，不過新利大雅的蚵蛋和一般台灣那種黏稠半透明式者不同，是古早味的煎法。

紅糟也運用在婦人產子後的坐月子料理，新利大雅有一道紅糟雞湯，下方鋪上冬粉，食來能滋補強身，早日恢復元氣。

海鮮米粉湯顧名思義，就是將蛤蠣、蚵仔、蝦子、螃蟹等集合起來煮湯，搭配福州的粗米粉，味道生鮮清甜。在我來看，這一道不只是新利大雅的名菜，在四面環海、水產豐富的台灣更是如魚得水，如今早已發展成白鯧或烏魚米粉湯了，順便一提，「福州蟹飯」我想就是台灣辦桌菜紅蟳米糕的原型了，所以店家菜單裡現也有一味「紅蟳蒸飯」。

福州有家同利肉燕老鋪非常特殊，所謂肉燕是將豬肉打成泥，做成扁平狀，可以用來包肉餡，人家是麵皮包肉，肉燕則是「肉包肉」，又由於包餡時將燕皮對折成三角狀，兩角捲起合攏捏緊，轉個彎，使成燕尾狀，因此叫肉燕，在福州常搭魚丸做湯來賣，肉燕彈牙、魚丸爆漿，所以「魚丸肉燕湯」也是新利大雅必嚐的美味之一。

肉燕在福州又有「太平燕」之稱，大抵逢年過節、婚喪喜慶、親友聚別，福州人必吃「太平燕」，福州人說：「無燕不成宴，無燕不成年。」我到榕城（福州別稱）還見識過「太平蛋」，製作手續繁瑣，也是喜慶、高檔餐廳或年菜中才會出現。

當然值得一嚐的菜色還有著名的「爆雙脆」，也就是海蜇炒腰花；「鳳凰搗粉」是先將冬粉加入蝦、干貝、蟹黃、蟹肉等海鮮混煮、牽羹，使冬粉飽吸湯汁精華而成，此外，如蹄筋海參等也都是很厚工的美饌，說來真是已臻至於食不厭精，膾不厭細的境界了。

甜點方面還有綠豆涼糕、糯米卷煎、芋泥、熱芝麻麻糬等等，芋泥幾乎是福州餐廳必備的代表作，背後有一則有趣的故事：

話說林則徐，福州人，前往廣州禁煙時在各國公使的宴會上第一回見著洋人的冰淇淋，望見冒煙以為是熱食，放在嘴邊吹了又吹，方才入口，當場鬧了一則大笑話，後來由林公回請，廚子出了一道甜點，即為八寶芋泥，出鍋時豬油、熟油浮於表面上，將熱氣罩住，芋泥外層又撒上了拍碎的花生、芝麻、棗肉等，看起來就同冷食甜點，洋人問這是什麼？答曰：「福州冰淇淋。」當然張口大咬，燙得哇哇叫。

《詩經・陳風・衡門》有段話說：

豈其食魚，必河之魴？豈其娶妻，必齊之姜？
豈其食魚，必河之鯉？豈其娶妻，必宋之子？

容我來注釋其義，簡單說就是吃條魴魚，何必一定要不見黃河不死心？要食福州菜，也不必搭飛機飛過去，重點是做得道不道地，如果是，那麼豈其食魚，必河之魴？

上圖｜帶有酸甜滋味的「爆雙脆」是很厚工的美饌。
下圖｜甜而不膩的芋泥為這頓饗宴畫上最完美的收尾。

延伸探訪

魚夫

作家、漫畫家、教授，亦曾歷經平面、廣播電台、電視台多家媒體主管。發願用十年的時間將美麗台灣和飲食文化畫出來，曾與台北市政府合作出版《臺北食食通》，推廣台北美食。

梁記嘉義雞肉飯

約數十年前初來「梁記」就留下了深刻的印象，發現他們的白米飯煮來微乾，淋上特製滷汁，乃乾濕合宜，配以排骨酥湯、鹹菜鴨湯，尤為美味，幾十年來都沒走味，雞肉飯不只是雞肉而已，米飯的烹煮尤其注重，兩相搭配，令人胃口大開。這家有許多計程車運將愛來，所以一度有專人導引停車，不只C/P值高，好停車又可好好吃頓飯，也是人間一樂也！

明星咖啡館

明星咖啡是戰後台灣唯一的俄式咖啡廳，蔣經國的俄羅斯籍太太蔣方良也常來這家店一解思鄉之愁，另外，許多文人雅士如畫家郎靜山、陳景容、楊三郎、顏水龍經常見他們出入的身影，作家如三毛、黃春明、林懷民、白先勇、季季、陳若曦、楚戈、方明、劉大任、王禎和、陳映真等人也常在此聚會，這裡曾因種種因素歇業，現已重新點燈開業。

老張炭烤燒餅

這老張，我和他至少認識十數年以上了。他的店，在忠孝東路七段，接近南港中央研究院路的交通要衝，每遇出爐，則交通大亂，老張私下告訴我：「不要平常日來買，周末有小酥餅，保證也合您老的口味。」這炭烤燒餅祕笈嘛，如是我聞：祕技一：包餡的手路要快。祕技二：炭火要均勻。祕技三：天氣有好壞，爐火有高低，存乎一心，教外免傳。

圓環三元號

台北建成圓環的老字號，從三元賣起所以叫「三元號」，而「號」是最早圓環攤販課稅的單位；其滷肉飯有「武林盟主」之譽，精選豬的後腿肉，精肉多而少肥肉，食來不油膩；其配湯裡有一味「松茸鳥蛋」湯，松茸主要是蘑菇與草菇，滋味非常特殊。如欲求快，進門後喊聲：「一組」，就知道你要食一組小碗滷肉飯和肉羹湯了，客倌，馬上就來。

優秀的廚師不僅熟練於煎煮炒炸，
也必須全方位理解飲食，
諸如酒、茶、咖啡都不能陌生。
——上林鐵板燒老闆 廖壽棧

上林鐵板燒

餐廳裡的指揮家，演繹出不斷變奏的樂曲

文◎焦桐

嚴謹創作的藝術家

「上林」曾經一度易名「尚林」，是老牌鐵板燒餐館，賣場頗大；我很欣賞其中一間書房式的包廂，陳列了圖書和藝術品，最多可容納二十四人用餐。

鐵板燒是當代開發的飲食文化，源自日本，融合西餐形式。日本的鐵板燒標榜使用新鮮的高檔食材，龍蝦、鮑魚、干貝幾乎是標準配備，至於松阪牛、神戶牛、近江牛則象徵了餐廳的高檔次。「上林」選材講究，魚貨來自數位長期合作的海釣客。

老闆廖壽棧先生入行甚早，是台灣鐵板燒業的第一批廚師，從挑選食材到料理，他總是一絲不苟，嚴謹得像一位仔細創作的藝術家；除了強烈的創作意志，他注意餐廳所有的細節，連葡萄酒杯上

廖壽棧對於食材非常講究，只用最高檔、最好的，讓客人吃得好，也吃得安心。

殘存的口紅印、油漬都交代務必特別洗淨。「除了合理的利潤，我不希望顧客只是進來捧場，而是為了享受美食，感到愉悅。」

任何專業領域的翹楚，在追求的過程，都有著超乎常人的旺盛企圖心，廖壽棧服兵役前在叔公家幫忙做西點麵包，退役後先任職於「元帥飯店」第一俱樂部。不久到日本人開設的鐵板燒餐廳擔任廚師助手，這是台灣首間鐵板燒餐廳，他非常專注地觀察、學習，技能快速成長，日本師傅也欣賞他的認真態度，遂信任他上場料理，正式上場後更驚訝他進步神速。如此工作了三年多，越深入越知道廚藝之深奧。他和太太賴秀卿也是結識、相戀於此，夫妻倆從事鐵板燒業至今已有三十幾年了。

初次總管廚房是在中山北路近民權東路的「奧林匹克飯店」。在「一心」鐵板燒，始終兢兢業業，為了服務顧客，即使休假日也去工作。在「紅林」鐵板燒，剛開始一個月營業不理想，他努力拜訪顧客，讓餐廳天天高朋滿座，成為台北生意最好的鐵板燒餐廳。

他自己愛吃，到處品嚐美食，不斷地追求新境界。有些廚師捨不得吃，導致不了解食材，無法改進缺點。「廚師一定要了解食材」，廖壽棧對牛排的長期鑽研，使得他擅長搞肉，他從不問食客要幾分熟，「我最懂食材，應該聽我的。」我多次嚐過他煎的牛排，依牛肉的厚薄、部位需要不同的熟度，分次切割上盤；而非一塊牛排一口氣切完，吃的過程就像不斷變奏的音樂。例如師傅會將牛排邊的筋切下，暫置一旁繼續加熱，再以辣椒、大蒜爆炒出十分美好的重口味。

我佩服他煎牛排的執著與技藝，「一塊肉一

定要在能控制的範圍內才上菜，」廖壽棧說：「廚師是一家店的靈魂，優秀的廚師不僅熟練於煎煮炒炸，必須全方位理解飲食，諸如酒、茶、咖啡都不能陌生。每個人都在學習中，用心才能不斷成長，提升層次。」他常鼓勵旗下廚師多吸收各種知識，累積文化素養；鼓勵他們常參觀美術館，藉名畫啟迪自己，陶冶美感，潛移默化為擺盤的布局、構圖。

鐵板燒是一種透明的飲食文化，食材條件、烹飪技術都在顧客面前進行。如同一般西餐，大抵以套餐方式呈現，前菜、麵包、湯、沙拉……，行禮如儀。

上林鐵板燒的每一道料理都如同藝術品般精美。

餘韻綿延的松阪牛

鑽研鐵板燒數十年，廖壽棧開發出不少流行的料理，如煎牛肉捲：我看師傅先將洋蔥、蘑菇、松茸、大蒜、蔥、青椒絲鋪在鐵板上慢炒，牛肉切薄片，稍加炙烤即包捲起炒熟的蔬菜配料，葷素快樂地結合，很有意思的創作。又如最近吃的蒸蛋，以雞蛋殼為容器，蒸蛋上另有黑松露、魚子醬、鵝肝。

牛排中最美味的無非和牛中的「神戶牛肉」和「松阪牛肉」，我特別想談後者。廖壽棧可能是台灣第一個進口松阪牛的餐館經營者。松阪牛委實是牛

A5 松阪牛肉是日本和牛的最高等級，如此奢華的食材，更需要注意烹飪的細節。

的貴族，肉類中的藝術品；其肉質細膩精緻，脂肪均勻分布在瘦肉間，形成美麗的霜降紋。這是一種在日本三重縣松阪市飼養的黑毛和牛，從出生到屠宰都納入嚴格的控管，不僅生活環境須乾淨清潔，飲食起居也十分「樂活」。松阪牛很能代表日本獨特的飲食文化。這麼奢侈的肉，一定得原味原汁地嚐，只要灑一點點鹽，千萬別淋上任何醬汁干擾。

由於脂肪豐厚，煎的時候會不停地滲出，我注意到師傅一直將多餘的油脂舀棄，一反別人將油舀起再淋在肉上；還需準確掌握火候，切忌肉質老化。「上林」的標準動作是外微焦內鮮嫩多汁，外焦內生，目的在封鎖鮮美的肉汁。我感動於這樣細心的小動作，雖然「耗油」，卻避免反覆升溫的「回鍋油」破壞了肉質，更傷害食客的健康。

合格的廚師必須懂得挑選食材，即使高貴如松阪牛，也存在著品質的差異。這種夢幻牛肉，送進嘴裡好像不必用到牙齒就化開了，同時散發令人驚訝的鮮甜和肉香，餘韻綿延，令心底湧起一股幸福感。

除了牛肉，蝦料理亦值得欣賞。無論明蝦佐鮭魚卵或龍蝦水果沙拉都很好吃，前者的蘸醬呈咖啡色，工序是先燒烤蝦頭、蝦殼，再經過炒香、熬煮。擺盤時，和芥末醬分據兩邊，如太極圖，再飾以鮭魚卵，視覺和嗅覺先於味覺進行審美。

我懷念山藥湯——將山藥切塊煮湯。蒸熟後磨成泥；那山藥泥如泡沫般，結實地浮堆在碗裡。這碗湯的湯水很少，裡面有小蘑菇帽、干貝絲，十分可口，也心生一種健康感。然則這碗湯成本提高不少，現磨的山藥也較費時，店家不願顧客有疑慮而取消。

「上林」十分重視擺盤美感，如鮸魚佐起司，帕瑪森起司粉煎成一片片的起司餅，煎到酥脆，盤中用菠菜泥繪成樹木，飾以日本進口的醃漬櫻花和球狀胡蘿蔔，象徵花開又結果。送進嘴裡，起司餅的鹹香，和鮸魚的滋味互相發揚。

從前的鐵板燒店並無甜點供應，廖壽棧開風氣之先，引進餐後甜點，我最歡喜吃他獨創的「煎香蕉」，香蕉切片裹麵包粉、麵粉和雞蛋，快煎好時加蜂蜜，過冰水食用。

上圖 | 蝦料理也是餐桌上的重點之一，龍蝦水果沙拉的龍蝦肉鮮甜又彈牙。下圖 | 煎香蕉是由廖壽棧獨創，為鐵板燒料理加入了全新的風氣。

延伸探訪

焦桐

中央大學中文系教授，亦是知名飲食文學作家，著有《臺灣味道》、《暴食江湖》等三十餘種；編有年度飲食文選、年度詩選、年度小說選、年度散文選及各種主題文選共五十餘種。

天然臺湘菜館

「天然臺湘菜館」的經典名菜不少，我常點食的包括蒸臘味合、左宗棠雞、烤青紅椒、連鍋羊肉、蝦鬆、炒羊肚絲、銀芽鮮鮑……，烹製水平相當穩定。「如意湘蹄」可謂鎮店之寶，據說是用了枸杞、紅棗、當歸、淮山等二十幾種中藥材香料醃製五至七天，再蒸一小時，去油，入烤箱烤半小時，成品外酥內腴，十分彈牙。尤其是那豬腳的皮膚，皮色鮮亮，咀嚼起來不黏不滯，有特殊的香味，連骨頭都想咬下去。

宋廚菜館

「宋廚」老闆宋連郎先生堪稱全方位的中廚，東北菜、北京菜、台菜、魯菜、客家菜都拿手，我尤其偏愛他的北京菜。烤鴨是這裡最響亮的招牌，必須提前預訂，而且訂位不能遲到，因為鴨子是不善於等待的，須趁熱片妥，一旦冷掉，皮鬆垮了，口感全失。廚師務必算準訂位者到店的時間，將鴨掛爐。那烤鴨閃著古銅膚色，像熱帶沙灘上的美人，撩人饞涎；鴨油、鴨皮、鴨肉和青蔥、甜麵醬在荷葉餅裡合奏出不可思議的香味。

辰園

喜來登B1「辰園」可能是台北最優質的廣東菜，我迷戀那裡的脆皮叉燒，表皮一層薄麥芽糖，像美人穿著華衣，準確的酥、脆、甜，搭配糖漬無花果，一種銷魂的滋味。如果有幾個人一起吃飯，會預訂廣式片皮鴨，烤鴨好吃不在話下，鴨架子熬出來的粥令人痴心，吃飽了回家還一直思念。另一種「脆皮先知鴨」則是用小鴨烤製，非常高尚。

榮榮園

「榮榮園」以浙寧口味為主調，堪稱海派菜。這餐館總是生意興隆，人氣熱絡，像高級大食堂，鬧哄哄的。我常吃的菜包括青蟹炒年糕、蔥烤排骨、清炒蝦仁、馬頭魚燒豆腐、土雞……。青蟹炒年糕是上海名菜，「榮榮園」的烹製最具本幫味；特色是嚴選膏黃飽滿的青蟹，肉質甘鮮而結實。那年糕，柔嫩的外表飽含彈性，又沾滿了螃蟹的腥香，再經過豆瓣醬燒製，汁稠味濃。憂鬱的人應該吃吃看，我覺得它會使鎖結著的眉心，開放出歡顏。

台菜火旺鍋重，極耗體力，
每天一定要抱著快樂的心，才不會覺得苦，
才能做出讓客人感動的菜！

——金蓮萊遵古台菜主廚 陳博璿

料理・北投
金

金蓬萊遵古台菜

台菜就是熱，一如台灣的精神與氣味

文◎番紅花

從北投酒家菜開始

最近有好友自美國西岸回來結婚宴客，夫妻兩人都在舊金山的金融創投業奮鬥打拼，婚禮辦得簡單，卻對婚宴桌菜的品質與美味，有高度的期許，若能是正統的台灣味，則更符合他們的期待，後來他們選擇天母「金蓬萊遵古台菜」宴請親朋好友，果真賓主盡歡，留下酣暢開心的回憶。

一如金蓬萊主廚陳博璿所說，台菜的特色，就是「多人多精彩」，大家圍坐一桌享用一道又一道熱呼呼的美食，絕不能顧著拍照打卡讓菜涼了那就不好吃了，像這樣以菜為首的熱鬧團聚氛圍，和多數溫溫冷冷也影響不大的法餐或日式料理，是非常不一樣的。台菜就是熱，食物熱、氣氛熱、心也熱，一如台灣的精神與氣味。

自一九五〇年創立至今，金蓬萊已飄香近七十年。

店內裝潢傳統中有現代，從幼兒到老人，從名流到庶民，擄獲了無數人的心。

而你有多久沒吃過正統的台菜呢？

自一九五〇年創立至今，已飄香將近七十年的「金蓬萊遵古台菜」，儘管國內外獲獎無數，第三代掌門人陳博璿仍然在品質和技藝上毫不鬆懈。正午時分，我環顧店內席位爆滿的用餐盛況，氣氛熱絡，客人有金髮白膚，有國內影視紅星，有專程慕名而來的年輕客人，也有一家子從小吃到大的北投天母在地熟客，從幼兒到老人，從名流到庶民，金蓬萊擄獲了無數人的胃，若有心研究台菜飲食文化，絕不能錯過台北的「金蓬萊」，而「金蓬萊」繁複做工的多道招牌手路菜，更是海內外饕餮的私房首選，而它的第一步，是從北投地區酒家菜開始的。

金蓬萊創辦人陳良枝，最早受聘於日本人所開的料亭，一九五〇年獨自創立了「蓬萊飲食店」，雖是一家小店，但憑藉著好手藝和用料實在，很快就在當地闖出了名號，當時他用獨門祕方醃製、油炸的排骨酥，是政商人士赴北投酒家宴席必點的料理，雖然各飯店、酒家都有自己的廚房和大廚，但外點或外送一份「蓬萊飲食店」的排骨酥，卻是當時普遍的情景，如今那卡西的樂聲不復，許多酒家菜隨著時光的流轉而消逝，但「蓬萊飲食店」風味獨具、火候精純的滋味，很幸運地，在第二代長子陳芳宗的手上，傳承了下來。

一九八七年，陳芳宗在鄰近北投的天母創立「金蓬萊台菜」，他一心一意持續維護父親辛苦創立的台菜美名，從選料、備料到烹煮，完全不假手他人，堅持完整保留陳良枝的手路與技藝，讓「北投道地的台灣料理與酒家菜」，繼續發光發熱，這股追求完美的料理精神，終將「金蓬萊」推向台灣料理的指標性地位。

招牌排骨酥做工繁複，先是將排骨炸熟，再讓骨頭露出以便客人食用，最後用高溫將表層炸得酥脆，是海內外饕客的私房首選。

二〇〇九年，陳芳宗正式將「金蓬萊」交棒給獨子陳博璿，第二代與第三代料理人之間的傳承與激盪，帶給「金蓬萊」新風貌。其實，雖然陳博璿從小就在廚房的熱火與雜工之間長大，但他從來沒想過要接掌這看不到掌聲、拿不到光環、辛苦至極、只能默默站在廚房爐火邊炒出一鍋又一鍋菜的生活，他在國際性航空公司擔任行銷主管，是個握有億元預算、在職場運籌帷幄的雅痞白領，工作之餘出國旅遊、享用美食，日子好不愜意。直到父親陳芳宗因體力不堪，想收起「金蓬萊」，陳博璿不忍看到阿公和爸爸這兩個男人五十年來努力了一輩子的心血，就這樣在自己手上畫下休止符，幾經掙扎，他終究回到自家「金蓬萊」廚房，穿起圍裙、手持鍋鏟，踏上了燃燒生命的料理人之路。

幼時常看阿公做菜的陳博璿（左），長大後也踏上了燃燒生命的料理人之路。

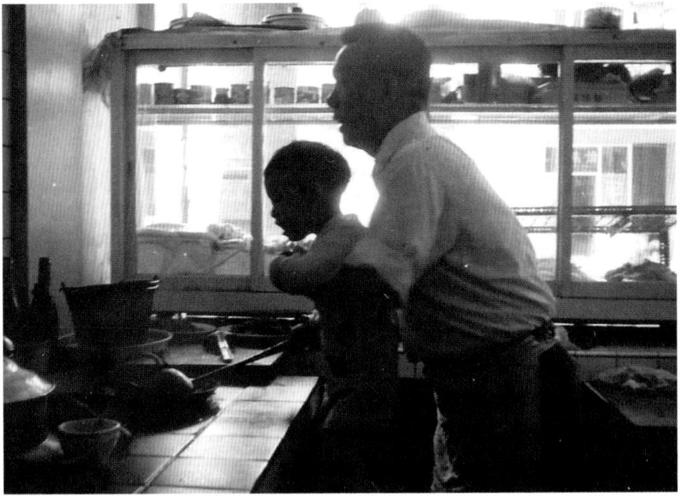

陳博璿（右）致力於傳承這份家族的廚師精神與美味。

古味與新意並存

接手以後，陳博璿和他的太太楊雪芬，齊心攜手率領「金蓬萊」團隊，為正統台菜注入了新思維與新活水，他不因耽溺於「捍衛正統」而拒絕新意，也不盲目追趕媒體流行而扭曲正統的味道，在老味道和更好的食材呈現之間，陳博璿不斷實驗、研究，端出新舊平衡的新風味，阿公和爸爸的老菜依舊在，卻也不斷有他第三代的創意與特色。

打開「金蓬萊」菜單，佛跳牆、白斬雞、嫩煎豬肝、五柳枝魚、土魠魚米粉鍋、炸芋條、油爆大沙公、金錢蝦餅……，道道都是值得品嚐的手路大菜，這些繁複做工的料理，我們很難在自己的日常餐桌複製出來，蓋其精彩美味鑊氣，係來自於商業廚房的超級大火爐、傳統沉重鐵鍋、深油鍋、醇濃雞高湯，和師傅們站在爐邊以歲月換來的技藝，多虧這燃燒不輟的職人魂，為台北的傳統美食，揮灑出動人、細緻的篇章！

而我最喜歡「排骨酥」、「紅糟鰻扣白菜」和

「烏魚子炒飯」，全部都是台灣味十足的接地氣食材，藉由廚師的高超手藝，完美上桌，一入口，人人讚嘆。

金蓬萊的「排骨酥」，看似平凡，卻毫不簡單。排骨係採購自台灣最大專業豬肉供應商的腹脅排，這部位因較少運動、略帶油花又不過肥，再經由廚師精修筋膜、並讓每塊排骨維持在七點五到九點五公分的一致尺寸，然後以祖傳配方醃料醃過夜，再入鍋油炸，七十年來，從溫泉氤氳的北投那卡西到天母精緻裝潢的台式餐館，陳良枝的排骨酥味道，那一口咬下的酥脆骨膜和柔嫩多汁的肉香，令人感動。

而「紅糟鰻扣白菜」的費工與配料豪邁，齒頰留香，久久不散。千萬別誤以為平凡的大白菜是這道料理的配角，豐厚的蛋酥與肉酥，不僅帶來高湯滋味的多層次，也更襯托出當令大白菜的甘甜，紅糟鰻的肉質扎實深厚，紅糟清香不膩，將大塊鰻肉炸得極酥極脆卻不乾不柴，火候和溫度的掌控，堪稱一絕。

「烏魚子炒飯」也是招牌必點的體面好吃菜色，「金蓬萊」賦予台式炒飯奢華的風貌，切成丁的烏魚子，與米飯、什蔬完美融合，醇厚濕潤、台味十足，美食愛好者皆知曉「炒飯」最能考驗廚師功力，如何將米飯炒得粒粒分明又充分吸附食材鮮味，靠的是長期經驗與臨場判斷，而「金蓬萊」的烏魚子炒飯，從不曾讓我失望。

「金蓬萊」是台北美食地圖的一顆璀璨珍珠，是北投天母地區歷久彌新的美食經典，它讓老台菜風光體面地活下來，並活在台北人的日常，有館子如此，是台北人的幸福哪。

三代人追求完美的職人精神，將金蓬萊推向了台灣料理的指標性地位。

延伸探訪

番紅花

知名作家，作品散見於報紙、雜誌等專欄。視逛市場買菜為每日孤獨微妙的小旅程，日常家庭生活以料理、讀書、寫作為主。曾獲全國學生文學獎、時報文學獎，著有《教室外的視野》、《廚房小情歌》等書。

賣麵炎仔（金泉小吃店）

傳承三代、飄香八十多年的「賣麵炎仔」，是大稻埕清晨最迷人的炊煙，早上七點半甫開店營業，吃切仔麵、點一盤白斬雞、來碗下水湯的饕客，就絡繹不絕。尤其最受歡迎的紅燒肉，外酥內嫩，肉香裡透著隱微的清甜，每天十點鐘一出爐，老闆切肉的漂亮刀工動作，就沒有停過。另外，下水湯的古早味，讓我每月一定要來這家小店報到好幾次！

合興壹玖肆柒

一九四七年成立的「上海合興糕糰店」，是南門市場內中式點心的專門店，以鬆糕最為馳名。走過一甲子，第二代任佳倫在迪化街開了「合興壹玖肆柒」，提供舒適、典雅的氛圍，讓客人可好好享用古法水蒸的熱呼呼糕點，尤其不可錯過「條苔酥餅」、「桂花鬆糕」和季節限定的「黑米栗子鬆糕」，黑米係選用自大稻埕百年米行「葉晉發」，清香甜味，殊為雋永。

林家乾麵

位於建中和歷史博物館附近的「林家乾麵」，五十多年來，以簡單的乾拌麵和新鮮福州魚丸，征服了紅樓青春學子和遠道而來的老饕的胃。乾拌麵的配料只有溫和不嗆的蔥末，和混了蝦油與白醬油的清爽麵條，再調和一點點醋，就是風靡城南數十載的庶民小吃風味，店鋪總是維持得乾淨爽利，小菜每碟看起來都可口，燙秋葵和皮蛋豆腐人氣最高！

雙連圓仔湯

「雙連圓仔湯」自一九五一年創立至今，六十六年來，其招牌「燒麻糬」成功擄獲每一個糯米點心愛好者的心，創辦人姚氏夫婦將福建閩南的傳統風味甜食，以改良的熱油技術，讓「燒麻糬」彈牙不膩、甘甜綿密，配上一杯熱茶，療癒舒心。夏季刨冰也有許多傳統配料可選擇，店鋪裝潢潔淨、明亮、時尚，展現出第三代的經營理念，為中式甜食帶來更美好的用餐體驗。

以食會友、待客如親，

令海內外饕客皆能盡饗台灣在地人情。

——大三元酒樓董事長 邱靜惠

大三元酒樓

經典粵式美味
承載榮町半世紀風華

文◎楊子慧

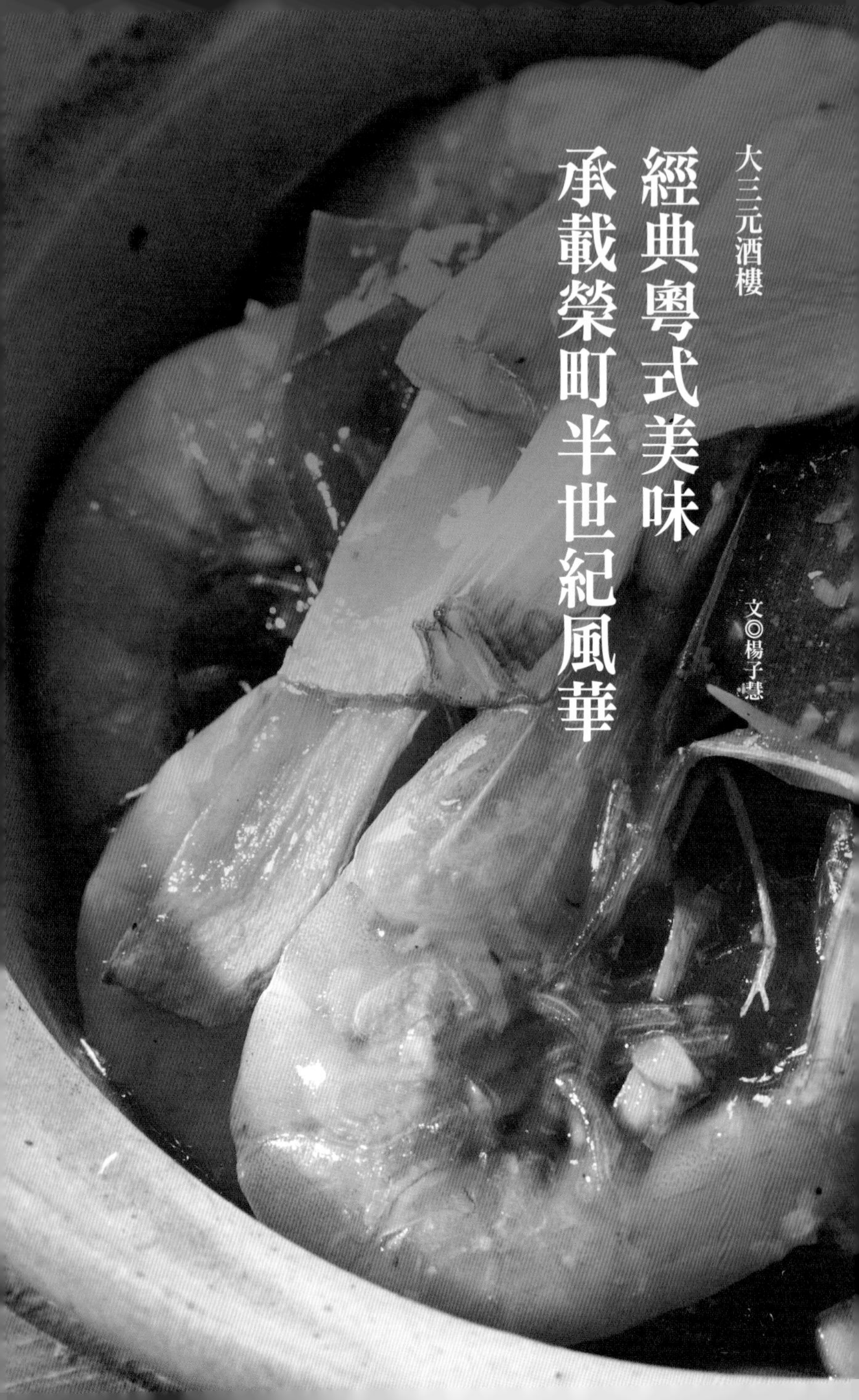

典雅古韻舌尖盡享暖意美饌

車水馬龍的衡陽路，酒樓門前碩大燈籠把騎樓點綴得古色古香，還在仔細端看外牆巨幅的草書作品，殷勤員工早已推開大門熱切歡迎。走進大廳，迎來金碧輝煌的百鳥圖木雕、水晶吊燈、雕工細膩的古董木椅，眼前所見，宛如置身香港酒樓。

很難想像台灣有這麼一處獨特的所在。師承書法大師張炳煌、精通書畫的大三元酒樓董事長邱靜惠蒐集古董、字畫多年，寬敞店面成為最佳展覽間。獨棟的餐廳樓高六層，書畫名家齊奇雲的草書作品舉目可見，好比LED燈襯底的巨幅外牆與桌面玻璃底盤等處，而一樓走廊更陳列著張炳煌大作，空間隨處流瀉著主人家的典雅品味。

衡陽路於日本時代被稱作「榮町通」，為台北最繁華的商業區，坐擁台灣第一家百貨公司「菊元

一樓走廊陳列的張炳煌大作，透露女主人的品味。

百貨」，亦有「台北銀座」、「台北華爾街」等美譽。坐落在此區中央的大三元酒樓，過去由於鄰近台灣證券交易所，加上供應頂級海鮮食材料理，每到十二點收盤後，單看排隊人潮便知當日市場行情，成為首屈一指的金融餐廳。

「過去台灣人對廣東料理並不熟悉，為了傳遞道地口味，我們特地自香港聘請六位主廚來台。我婆婆吳蘇英創店時，還邀來歌仔戲紅星楊麗花擔任名譽董事長，使得餐廳一炮而紅，成為政商名流宴客首選。」大三元的靈魂人物邱靜惠回憶一九七〇年創店初期，萬人空巷的榮景彷彿歷歷在目。

銘傳商專畢業後，邱靜惠因著夫家緣故投入餐飲界，不僅全年無休守護大三元的傳統風範，一九八七年正式自婆婆手中接管事業，更由裡到外大刀闊斧進行重整，一舉重振了餐廳聲譽，使得港式酒樓經典地位屹立不搖。「天道酬勤、地道酬善、人道酬誠。」秉持著勤勞、親善和誠信的待客之道，讓她從一位初入社會的餐飲門外漢，成為老字號品牌掌門人。

「一路走來實在是有些誤打誤撞。」問起經營過程的波折和甘苦，生性樂天又謙虛的她，倒是輕描淡寫，歸功周遭許多貴人相助，經年累月不斷學習，才能磨亮金字招牌數十載。如今每日每夜依舊能看得見她坐鎮二樓、逐桌招呼的身影，店內大小事務無一不是親力親為。客人都還沒坐定就先噓寒問暖，哪位顧客用餐前要先上溫水服藥？什麼場合該怎麼配菜？邱靜惠皆瞭若指掌。聊天途中，鄰桌茶水將盡，她趕緊起身呼喚員工前去服務，神情比誰都還要緊張，店內上上下下受此感染，對待客人同樣懇切備至、不敢怠慢。

說到底，來這裡不只是享用美味，也是品嚐人情味。對於老顧客而言，菜色豐富美味、價格平實、環境寬敞之餘，邱靜惠爽朗的個人魅力更是吸引人一再前來的主因，女主人的真誠問候、體貼照料，讓人無論宴客或聚餐，都甚感溫馨舒適。

「自己都不喜歡的料理，怎麼能端上桌給客人吃？」大三元飄香半世紀，同時見證台北城的繁華興盛，即使有著五十年好口碑，堅持品質的邱靜惠仍不敢有絲毫疏忽。每日和主廚檢討、研發菜色，一嚐到料理味道不夠精準，立刻告知師傅調整修正。而身為第三代的兒子吳東璿亦積極尋求品牌多元發展契機，二〇一七年底銜著老店招牌前往日本福岡展店，以嶄新形象迎戰日本市場，初試啼聲即大獲好評，也為大三元開拓海外能見度；女兒吳珮菁也參與本店經營，為老店植入新血。

古色古香的宴客廳，處處充滿溫馨舒適感。

繽紛菜色寵溺客人心胃

大三元極力寵溺客人的待客之心，在菜色方面表露無遺，單看菜單上洋洋灑灑數百道料理，足以令人大嘆驚奇，更別說那些未列在菜單上的特色菜和客製化佳餚。不過，若真要評斷一間港式酒樓的料理水準，絕對得點上一份「上湯焗龍蝦」，這道風靡全球的經典粵菜，考驗師傅選料、火候、吊上湯等功夫底子。廣東菜中的「焗」代表著燴煮，材料包含龍蝦、上湯與墊底的伊麵，樣樣不能大意。作為店內招牌之一的「上湯焗龍蝦」，龍蝦於客人點菜後再自水族箱捕撈烹煮，新鮮度不在話下，採

歷久不衰的經典名菜：上湯焗龍蝦。

用個頭大的波士頓龍蝦略裹薄粉、猛火過油，再回鍋燴烹時仍保持完整肉汁與彈牙口感；上湯取老母雞、金華火腿、豬後腿肉慢火熬燉八小時吊製，以此鮮郁高湯為基底再加入奶油燴龍蝦，上桌時蝦身色澤豔紅、勾人食慾，蝦肉味道甘美、肉質結實彈牙，而由香港老製麵師製作供應的伊麵，吸滿鮮甜湯汁，輕盈滑溜、風味正統，名菜地位歷久不衰。

即便是港式酒樓，但大三元菜譜裡亦有琳瑯滿目的台灣在地料理，獨門口味占據海內外饕客的味蕾記憶，像是傳承三十多年的「海鮮焗木瓜」，至今仍是店內的熱門菜色，有許多日本旅客按圖索驥、指著旅遊指南上的照片前來詢問品嚐。

這道菜開發靈感源於台式的「竹筍寶船燒」，將筍肉取出回填海鮮焗烤，頗具細膩巧思和創意的邱靜惠，幾經嘗試下，大膽地以木瓜為主要食材，不但富含寶島物產豐饒的意象，氣味更是香甜誘人。精選每顆約六百公克的屏東高品質木瓜剖半，填入帶子、白果、白蝦、日本魚板等食材，上頭覆蓋起司美乃滋炙烤，上菜時滿室充滿熱帶水果芳香，以鋸齒湯匙劃下一口木瓜、再佐一口鮮嫩海鮮，香氣絕妙，令人難以忘懷。

近年來，人們由歷史、食材、人文風土等方向探究真正的台灣味，並試圖找出能代表福爾摩沙的美食風景，然而每個人記憶中都有自己專屬的台灣味，真正的美味自在人心，傳承三代的大三元酒樓對於無數老台北人來說，即是台灣無可取代的經典滋味。

傳承三十多年的獨門「海鮮焗木瓜」，日本饕客也風靡。

延伸探訪

楊子慧

旅遊雜誌採訪編輯，以「吃飯寫字工作者」為職志，多年來遊走市集食肆，以淵深博大的飲食文化佐餐，用溫暖質樸的在地人情下酒。匯集美食採訪與異地旅遊經驗，著有《深夜的私嚐時光》一書。

黃記魯肉飯

「黃記魯肉飯」坐落於美食店家臥虎藏龍的晴光商圈，屹立至今三十餘載。這裡的蹄膀和焢肉醬色極深，卻絲毫不死鹹，雖沒有中南部焢肉特有的甜糖味，但獨特醬香與長時滷燉的綿細焢肉，特別迷人，擄獲不少老饕味蕾。焢肉飯裡擺上滑溜又爽口的油亮筍絲，中和豬肉的肥膩。米飯也很講究，晶瑩又飽滿的飯粒，浸了肉汁仍十足Q彈，令人心情相當美麗。

小品雅廚

每到夜裡飢腸轆轆，總會掛念「小品雅廚」清滑圓潤的白粥。這家開店近四十年的清粥小菜店，以池上生米熬出的米湯潤澤有張力，不稠厚也不單薄，湯粒比例恰到好處。我往往點盤油滑的吻仔魚莧菜和番茄炒蛋佐清粥；莧菜口感滑溜、細嫩可愛，番茄炒蛋酸香可口。另外，只用醬油清滷的板豆腐，亦是我傾心的小菜，豆腐孔洞分明又入味，味道十分質樸淡雅。

阿桐阿寶四神湯

由阿桐和阿寶兩位好友一起創立的店家，開業於一九七七年，如今仍能看見兩老站在店頭招呼客人。店內招牌四神湯，整碗滿溢著豬腸和薏仁，光喝湯就很有飽足感，湯身並非單純用湯料熬煮，而是先以豬骨熬湯，裡頭該有「薏仁、蓮子、茯苓、淮山」四樣藥材，卻只聞茯苓香氣，沒有茯苓、淮山久煮後沙沙糊糊的口感，湯品味道清香，層次極為豐富。

上海隆記菜館

一碗菜飯、一鍋醃篤鮮、幾道小菜，是許多台北人的隆記印象。由首代經營者李阿隆於一九五三年創立，位於延平南路巷弄的上海本幫菜，當時以其家常道地風味，撫慰不少蘇滬人家的心胃。如今走過一甲子，陳舊的店面依舊高朋滿座，站在店頭菜櫥，點個醉元寶、蔥㸆鯽魚、烤麩等小菜，早已是熟客們進門的反射動作，嗆蟹、炒鱔、薺菜冬筍、砂鍋三鮮更是不容錯過的美味。

火候不行就倒進灶邊大垃圾桶囉，
我們家的菜就是要這樣。

——六品小館老闆娘　葉明美

六品小館

家常不尋常，平凡見精湛

文◎蔡珠兒

老派忠實之必要

上了小黃，說要去金華街、淡大城區部對面，司機答，「啊就是六品小館那裡嘛。」

永康金華商圈，是外省菜的重鎮，幾家小館老店，深植台北人的集體記憶，不僅是地理方位，也是口味和情感的座標。六品就是其一，這家開業三十六年，門面素淡的老店，永遠菜香飄溢，座無虛席，食客從小吃到大，跨越兩三代，死忠鐵粉無數，包括我。

第一次去，是好友張小虹帶路的，看著菜單上的醉雞、鹽酥蝦、豆干肉絲、黃魚豆腐、雪菜百頁，不禁暗自嘟囔，不就是家常菜嗎，像我這種一般煮婦也能做的菜，幹嘛還上館子吃？

一嚐，才知厲害，當下心悅誠服，從此成為「六

從開張時只有四張桌子，到憑口碑打出名號的金華街本店。

粉」。他家的菜，看似家常，其實不尋常，刀工調味火候，皆妥帖到位，須得千錘百鍊，才能如此鞭辟入裡。

六品有兩位創辦人，都出身於鳳山的黃埔新村，史國華原籍河北，張耀粵是蘇北的阜寧人，兩人都跑過船，吃多見廣，深諳食味，張耀粵更是廚藝了得。一九八三年六品開張時，只有四張桌子，憑口碑打出名號，陸續開了六家分店，一度還進軍廣州，後來因管理不易，退出大陸，分店也收了，只留金華街本店。

張、史兩人年歲漸大，不想管事，於是說服店長葉明美入夥接手，三人並列股東，雙雄成為三俠，鼎足而治六品。這葉明美也奇，她三十多歲才初入職場，進六品當服務生，只懂外場，不會做菜，更不諳經營，不料接手之後，做得有聲有色，不只守穩老店江山，還給招牌鍍上新亮金光。

六品以江浙菜見長，但也融合川湘等菜系，脫胎自眷村菜，卻能粗菜細烹，小題大作，在平實無奇的菜式中，注入華麗考究的手路功夫，做工藏在骨子裡，連最普通的番茄炒蛋，都做得乾爽清新，不同凡響。

手攪的獅子頭，綿軟甘滋，白菜吸盡肉汁，湯底微帶番茄酸香（用黑柿而非牛茄），清潤可口，喝完了還能加湯。黃魚豆腐，用馬祖的海養黃魚，現點現煎，加蒜子豆腐和醬油酒釀，燒到收汁帶稠，香濃入味才上桌。香酥鴨，用宜蘭的櫻桃鴨，外皮揉鹽，內裡斷骨，塞入花椒蔥條後，大火蒸兩個多小時再炸酥，皮脆肉腴，不柴不膩，冷了都好吃。

上圖 | 好些熟客才會點的香酥鴨，是鎮店的招牌之一。下圖 | 黃魚豆腐，誰不會做？一嚐，才知厲害。

手攪的獅子頭，綿軟甘滋，白菜吸盡肉汁，湯底微帶番茄酸香。

至於膾炙人口的豆干肉絲，早年是一般的豆干條，葉明美接手後加以改良，要求廚師細切快炒，經過淬煉進化，成為叫座的鎮店招牌。還有好些熟客才會點的隱藏版，例如蒜苗炒蛋、花椒四季等小菜，以小事大，刀章炒工都精湛不凡，也是她的研發貢獻。

六品總店多是老客，外場也都是阿姨，有個高瘦紮馬尾的，就是葉明美，她害羞謙抑，當家近二十年，從不以老闆娘自居，永遠穿著圍裙在幹活，聽到要採訪，摀著臉拼命搖頭，一直說，「這是客人的店，不是我的店，我是這裡的服務生啦。」

這個服務生要求極高，鐵面無情，廚師和員工都敬畏，上菜時她一看一聞，就知對不對味，不行就退貨重炒，「我們家的菜就是要這樣。」她接手多年，依然戰戰兢兢，事必躬親，牽掛上心，從來不休假、不出國，至今還沒坐過飛機。

數十年如一日，老派職人忠實固執，不嫌煩不怕難，恪守章法做工，抗拒歲月的侵蝕流失，挽住老菜的氣韻形魂。豐郁夠味，痛快飽足，每次來六品，都有回家吃飯的感覺，然而，這可是家裡做不出的家常味。

要求極高的老闆娘葉明美（中）永遠穿著圍裙在幹活，大廚許博堯（左）和員工都對她又敬又畏。

鍋裡一分鐘，灶下幾年功

豆干炒肉絲，誰不會做？可是六品炒出來的，鬆柔腴軟，微辣帶甜，油潤鹹香，好吃到讓人失控，瞬間嗑掉一碗飯，連小朋友都嚷，「我要吃那個炒麵麵！」這等功力，別說你我，一般餐館都望塵莫及。

拜託老闆娘讓我進廚房，現場直擊，看師傅怎麼做。材料當然是豆干和肉，配料只有三樣：辣椒，蔥花，蒜末，全是手工細切，廚師運刀如飛，把五香豆干横剖四片，唰唰切成麵線般的細絲，裡脊或牛肉亦然。

開鍋了，中火熱油，先下肉絲、辣椒和蒜末爆炒，然後下豆干絲，轉大火，快炒三四下，立即倒入漏杓，迅速敲打瀝乾，再倒回鍋中。

接下來是關鍵好戲，只見師傅邊炒邊晃，不斷挪移炒鍋，讓鍋肚以各種弧度貼近爐頭，焰聲轟轟，火舌熊熊舔燒上來，爆發梅納反應，激出豐濃油香。最後淋醬油、放蔥花、灑鹽糖，幾個大拋甩，立即起鍋入盤，急管繁絃，電光石火，我算了，從頭到尾一分多鐘，僅只七十三秒。

本來想偷師，看完就絕望了，這種刀工和火候，哪能學得來？六品的廚師須有熱炒功底，至少五年經驗，即便如此，要炒這菜，還是得練上兩三個月。葉明美把豆干撥開，叫我看盤底，薄薄一層油才夠格，盤底出水，代表火候不足。「灶邊準備一個大垃圾桶，不行就倒掉囉。」

大廚許博堯來六品時，已經入行十五年，還是苦練了一個月才上手。他說，豆干的軟硬度和含水量，每天都有些許差異，要以炒功微調，就像燒黃魚，要看季節和魚身大小，來調整酒釀用量和烹燒火候。

硬功夫才有好滋味，六品的菜不勾芡，不用事先調好的醬汁，調料都是現下，堯師傅說，這全靠快手腳，硬功夫，「外面館子都是吃醬汁，廚師只要會翻鍋就行了。」

好滋味要堅持，更要延續，四年前六品又開分店，由第二代的蘇韻蓉掌理，希望拓展老店的地緣與客層，讓年輕一代賞識知味，「要傳承下去，我對這家店才有交代啊。」葉明美說。

兩家分店各具特色，內湖店較清淡，敦仁店有粵菜，除了老店的招牌菜，也有些「當店限定」的菜，例如花椒燒蛋、牛筋牛腩煲、剁椒蒸臭豆腐，死忠的六粉還特別跑去打卡，吃遍三家。

六品小館豆干炒肉絲看似平凡，卻是家裡做不出的家常味。

延伸探訪

蔡珠兒

台大中文系畢業，旅居倫敦和香港多年後，鮭魚返鄉，回到從小長大的台北定居。愛吃、愛煮、愛種植，毛病多，有文字偏執狂，食材戀物癖，廚房症候群。著有《紅燜廚娘》、《南方絳雪》、《種地書》等散文集，曾獲數次散文及好書獎。

北平同慶樓

六十多年的老店同慶樓，就在我家附近，常去吃，每次必叫麵點，尤其花素蒸餃和牛肉餡餅。涼菜我喜歡「松柏長青」，豆干、芫荽、花生米拌大白菜絲，香辣生脆，爽利開胃，熱菜的炸焦牛肉、皮蛋炒腰花，也都夠味。酸菜白肉火鍋湯味酸美，用料豐富紮實，那騰騰冒熱氣的鍋圈，看來窄淺，卻像無底洞般吃不完。

茂園

以前住香港，回台北總想吃台菜，經常去茂園，現在搬回來，每逢國外有朋友來，還是帶他們去茂園，叫的也都是那幾個菜。白斬雞、白菜滷、蒜泥鮮蚵、滷豬腳拼大腸、炒花菜乾，還有老菜脯排骨湯，都百吃不厭。當然還要現點時令鮮魚，乾煎或煮湯，無不清甘腴美，最愛醃冬瓜蒸三角魚，細柔如脂，鹹鮮交加。

伍佰雞屋

東區的伍佰雞屋，門面像普通的熱炒店，味道卻乾淨純正，有高雅之感。白斬雞柔滑彈牙，皮下有晶瑩肉凍，白切肉更是一絕，豬頸肉用雞湯煮過，軟嫩帶脆，細緻鮮甜。內臟取材新鮮，麻油腰花、滷雞下水、芹菜炒鵝腸都做得出色，或生脆或柔糯，熟度拿捏巧妙。台菜清淡重原味，他家掌握得極好，刈菜雞湯只用菜和雞，卻煮得素淨醇和，餘韻芳甘。最厲害的是煎豆腐，微煎後淺淺紅燒，豐腴柔膩，竟比肉還美味。

秀蘭小館

台式江浙菜日漸蕪雜，老店秀蘭小吃算靠譜的，選料做工都講究，不走樣不亂來。冷菜樣式眾多，辣椒鑲肉、蔥㸆鯽魚都不錯，熱菜看季節，冬天我點蘿蔔燉牛筋腩，春天點醃篤鮮、炒豌豆、火腿炒鮮蠶豆瓣。雞湯要預訂，也是必點，用料足火候夠，我最喜歡酸菜冬筍雞湯，雖然不正宗，但濃釅又清冽，回味悠長。

我不是愛吃才這麼在意廚房裡的每個小細節，
而是我喜歡把一件事做到最好，
然後剛好很喜歡吃而已。

——好年年豬腳創辦人 李灑生

好年年豬腳

煨、燉、滷、煮，八〇年代快餐店的老派風格

文◎諶淑婷

喜歡，才能有進步

農曆新年前夕，台北市萬華圍繞著龍山寺一帶的老街區氣氛熱絡，雖然幾十年來都市發展重心東移，讓這塊台北盆地最早發展、曾歷經繁華榮景的地區逐漸沉寂，但每逢傳統年節，前來採買、進貨、辦年貨的人潮車陣就會不斷湧入，醞釀出高樓商場華麗街區難有的濃厚節慶味。

這段時間也是「好年年豬腳」一年之中最忙碌的時刻，八十歲的李灑生站在櫃檯旁，和店員合力將一袋袋包裝妥當的豬腳、煨湯裝袋，有的要外送，有的等自取或宅配寄出，幾天後這些豬腳、煨湯將會在某戶人家的廚房裡解凍加熱，端上桌，成為共桌用餐的人們一夜的美食記憶。

沒幾個顧客會知道，每一鍋滷豬腳至今仍是李

養生燉品豬腳湯頭淡淡甘甜，令人回味。

灑生親自配料調味，他那不曾進過廚房的父親、沒教過他任何烹飪技巧的母親大概也不曾料想到兒子會有一身好廚藝，就連李灑生有時自己回想都感到驚奇。

一九三九年出生的他，七歲那年二戰結束，他得以接受國小義務教育，愛讀書的天性，讓他一路考取初中、中學。泰北中學畢業後隔天，就到第一銀行上班，在那個年代可是風光不已啊！五年後李灑生選擇接管父親的鋁鍋工廠，生產鋁鍋的溫度調節器，為了更了解鍋具溫度在煮食的需求與條件，他又開始讀書，只是現在讀的是食譜，未料越讀越有心得，那些不曾碰觸過的鍋碗瓢盆蘿蔔青菜醬油烏醋，都像是久違的好友，邀請他踏入廚房，回過神來，他的廚藝已經勝過妻子，不知不覺成了家中的掌廚者。

不過開餐廳完全是機緣巧合，一九七六年，李灑生的工廠生意已上軌道，台灣經濟急速起飛中，他和許多人一樣，抓緊了機會發展副業，他和國小同學合夥在懷寧街開了一間快餐店，由兩人的妻子負責管理，專賣雞腿飯、排骨飯等快餐，滿足在地商圈午晚餐需求。這個投資極為成功，一年後店面就擴充到二樓、相鄰店面全包下來，如此忙了十年，朋友退出，李灑生轉到漢口街重新開店，打造自己的「好年年快餐店」，兼賣義式咖啡，那時台灣人還不知道什麼是「拉花」呢！

快餐店的生意好到一併買下地下室經營，一九九六年，五十八歲的他終於聽從廚房裡那些「老友」的呼喚，從本業「退休」，專心當一名餐廳老闆，但他仍感到心有不足；直到十年後，店面再次搬遷，回到萬華西園路上自家的房子，主打他最

好年年主打豬腳料理與養生煨湯，滿桌都是李灑生的得意之作。

自豪的豬腳料理與養生煨湯，他才真正覺得「好」。

算起來，李灑生每十年就調整一次自己的生命位置，從單純投資到親自投入，從管理規畫到每一道料理的設計都事必躬親，好年年如今以豬腳為主打菜色，也是他跑遍了全台北大大小小有賣豬腳的餐廳小吃後所做的決定。他早早注意到，雖然連鎖速食、超商鮮食、簡易快餐等占據了外食市場，豬腳依舊是難以取代的家庭滋味，但自家料理又嫌麻煩，畢竟好吃的豬腳要醃要汆燙，要炸又要滷，最後乾燒收汁，就算肯花時間煮，也不一定煮得好吃。

有顧客說，「好年年」有八〇年代快餐店的風味，帶股懷舊感，其實那是李灑生堅持「要做就親手做到最好」的老派風格。李灑生對料理的謹慎與龜毛，不只憑藉著美食呈現，也反映在整潔舒適的用餐環境，萬華老店多、名店多，卻難找到一間百元上下的店家願意鋪上桌巾，這大概是「好年年」僅有，網友還給了評價：「連廁所都乾淨到無法挑剔。」李灑生自己倒覺得這只是基本，他每天都穿著白襯衫和西裝褲親自來調配豬腳的醃滷配料，牆上的豬腳照片也是他拍的。都八十歲了，他說，再怎麼努力，自己總有下車的時間，但在那之前，別人上班八小時，他繼續工作十六小時，吃飯喝水睡覺都想著多添點什麼、再減些什麼，能讓料理煮得更好吃。

他不敢說自己是滿意這間店的，但至少很喜歡，喜歡才能有進步。不過，李灑生總要強調，不是自己愛吃才在廚房裡努力的，而是他喜歡把一件事做到最好，然後呢，剛好很喜歡吃而已。

好吃的豬腳需要花費很多工序與時間。

煨滷豬腳與瓦罐煨湯

李灑生當年買的第一本食譜《無比中菜食譜》（一九六八年香港煤氣公司出版），近三百頁厚如字典，已被他翻得書皮掉、書頁爛，他還是捨不得丟，現在依舊好好地收在櫥櫃裡，這本涵蓋了廣東菜、京菜、福建菜、江浙菜和四川菜的簡易食譜，是他廚藝的啟蒙，也是他料理知識的所有基礎。

現在店裡招牌的煨滷豬腳，最早在快餐店只是排骨飯、牛腩飯等熱銷餐點旁的陪襯料理，但這道李灑生的拿手菜，親友、顧客吃過都說好，愛看食譜書的他也樂於不時改良，逐漸發展出自己的獨門食譜。

他專選豬隻活動較多的前腳肉，肉的彈性比後腿更好，一般人搞不清楚豬腳怎麼吃，他最推薦肘子（上節），不過也有顧客偏愛中節、腳蹄、蹄膀。說起來，他也沒什麼特別的祕方，師傅每天都在看他配料，但也實在無法學盡，畢竟使用了二十多種中藥，加上米酒、紹興、甘蔗頭、自家熬的焦糖等十餘種配料和醬汁，單以目測難以拿捏出用料差異，目前只由他和女兒親手配料，每一種都用量杯、磅秤小心抓數，以免不同鍋的豬腳味道有些微差異。

最招牌的煨滷豬腳，浸過醃料後汆燙，夜裡先滷上三小時，熄火泡於醬汁一晚，白天再開火，以細火慢慢乾燒。如此豬腳極為入味又保有口感，肥處不膩、瘦肉不柴。

李灑生拍胸脯保證，自己可是吃過台北市所有賣豬腳的店，大餐廳、小吃攤他都沒錯過，為的就是抓住台北人偏好的口味，中南部愛萬巒豬腳的風味，北部則要醬滷，他又研發無花果花生鳳爪煨豬腳湯，膠質豐富又不油膩，最適合坐月子哺乳中的產婦。

瓦罐煨湯系列是他的另一道得意之作。天麻竹笙雞、黃金蟲草雞、鮮人參竹笙雞……，都是他一樣樣親自配料，每天喝了十多碗湯才一一拿捏出的比例。湯頭清澈、滋味卻濃郁順口，祕訣有二，一是每個瓦罐都混兩種肉同燉，例如雞肉混排骨，比單一肉湯更鮮美；第二，一般煨湯多使用木炭燒瓦罐或蒸籠大火燉上兩、三個小時，但他發揮過去生產溫度調節器的經驗，改良瓦斯的火力控制器，以恆溫七十度煨煮十多個小時，不需要人力顧火，也能避免炭火溫度起伏變化，所以每一種食材與中藥都入口即化，肉質卻依舊鮮美軟嫩。

無論是煨滷豬腳或養生煨湯，李灑生都是從「自食」出發，為家人滷的一鍋豬腳，為了調養身體而研究的中藥湯，自己吃得滿意、吃得安心、吃得喜歡後，才能端到客人餐桌，這是他從食譜書慢慢摸索入廚房歷經幾十載後，最大的驕傲。

每個瓦罐都混兩種肉同燉，是肉質鮮美軟嫩的祕訣。

延伸探訪

諶淑婷

曾任報社記者，現為「半媽半╳」自由文字工作者，同時在從小長大的社區賣菜，育有一狗二兒三貓，關心兒童、農業與動物。個人網站「喵的打字房」：cclitier.blogspot.com

老艋舺鹹粥店

萬華賣鹹粥的老店很多，不喜歡油蔥酥味道過重的人可以選這家，由於仍保有米粒嚼感，吃起來更像高湯泡飯。不過無論是米粉湯或鹹粥，都是配料簡單、味道單純，加上現點現切的黑白切才是重點。現代人早餐偏好清爽蔬食或方便攜帶的小麥製品，但哪有吃碗米粥、嚼點肉，讓嘴裡帶點油來得暖胃呢？一天這麼開始感覺舒服多了呢！

周記傳統芋圓

店家堅持六種配料，芋圓、湯圓、芋頭、綠豆、大紅豆、小紅豆，賣完就收工，其中片狀的芋圓咬起來口感特別好，豆類甜度亦恰如其分，是夏季幾乎可當正餐食用的一道冰品。而桌上擺放著兩個瓶子，小罐是可灑入熱甜湯的百草粉，大罐則是古早口味的香蕉油，兩種吃法都很特別，雖然現代人已不喜愛明顯的人工香精味道，但老闆仍在桌上留著這兩罐瓶子，那是老顧客日思夜夢的老滋味。

梧州街原汁排骨湯

沒有店名，招牌上清楚直白寫著「原汁排骨湯」，無論何時，總有人潮在排隊等候。排骨湯裡只有兩塊白蘿蔔、一大塊排骨肉和久燉至乳白色的高湯，吸飽了肉汁的白蘿蔔十分甘甜，排骨一夾就骨肉分離，肉質扎實但軟嫩，只是排骨太大塊不好用筷子夾取，別客氣，就用手拿起來好好啃個乾淨吧，別擔心在大街上被盯著瞧不好意思，左右的人都忙著和排骨搏鬥，沒人有空相理的。

萬華林建發仙草冰

專賣仙草的熱門小店，只是想解解渴可喝杯仙草茶；若帶著孩子來可以買杯仙草奶凍，不過最受歡迎的當屬仙草冰。切成細條的仙草，配上冰涼糖水，內用時以調羹舀起像在吃米線，外帶用吸管就可食用。店家熬煮了七、八個小時的仙草呈深褐色，和市面上以化學添加物調色後黑如墨水的仙草飲品不同，即便如今手搖杯當道，依舊是無法取代的萬華冷飲。

店家資訊

1 金蓬萊遵古台菜

地址｜台北市士林區天母東路 101 號
電話｜02-2871-1517、02-2871-1580
營業時間｜11:30-14:30、17:30-21:30（週一公休）

2 欣葉台菜（創始店）

地址｜台北市中山區雙城街 34-1 號
電話｜02-2596-3255
營業時間｜11:00-24:00

3 華泰王子飯店 — 九華樓

地址｜台北市中山區林森北路 369 號 2 樓
電話｜02-7721-6619
營業時間｜11:30-14:30、17:30-21:30

4 東一排骨總店

地址｜台北市中正區延平南路 61 號 2 樓
電話｜02-2381-1487
營業時間｜09:30-20:30 (20:00 最後點餐)（週一公休）

5 福州新利大雅

地址｜台北市萬華區峨眉街 52 號 7 樓
電話｜02-2331-3931
營業時間｜11:30-14:30、17:00-21:30

店家資訊，依店家實際公告為準。

6

大三元酒樓

地址｜台北市中正區衡陽路 46 號
電話｜ 02-2381-7180
營業時間｜ 11:00-14:00、17:00-21:00

7

吃吃看小館

地址｜台北市萬華區貴陽街二段 32 號
電話｜ 02-2371-7555
營業時間｜ 11:00-14:00、16:30-20:00

8

上林鐵板燒

地址｜台北市大安區敦化南路一段 247 巷 10 號 2 樓
電話｜ 02-2752-8569
營業時間｜ 11:30-14:30、17:30-22:30

9

好年年豬腳

地址｜台北市萬華區西園路一段 314 號之 1
電話｜ 02-2302-7188
營業時間｜ 11:00-20:45（週日公休）

10

六品小館（總店）

地址｜台北市大安區金華街 199 巷 3 弄 8 號
電話｜ 02-2393-0104、02-2394-2815
營業時間｜ 11:30-14:00、17:30-21:00

店家資訊

1 黃記魯肉飯

地址｜台北市中山區中山北路二段 183 巷 28 號
電話｜02-2595-8396
營業時間｜12:00-21:30（週一公休）

2 小品雅廚

地址｜台北市中山區中原街 130 號
電話｜02-2592-9924
營業時間｜18:00-05:00

3 李亭香

地址｜台北市大同區迪化街一段 309 號
電話｜02-7746-2200
營業時間｜09:00-20:00、9:00-19:00（週日）

4 賣麵炎仔（金泉小吃店）

地址｜台北市大同區安西街 106 號
電話｜02-2557-7087
營業時間｜08:00-16:00

5 合興壹玖肆柒

地址｜台北市大同區迪化街一段 223 號
電話｜02-2557-8060
營業時間｜11:00-19:00（週一公休）

店家資訊，依店家實際公告為準。

阿桐阿寶四神湯

地址｜台北市大同區民生西路 151、153 號
電話｜02-2557-6926
營業時間｜11:00-05:00

雙連圓仔湯

地址｜台北市大同區民生西路 136 號
電話｜02-2559-7595
營業時間｜10:30-22:00

圓環三元號

地址｜台北市大同區重慶北路二段 11 號
電話｜02-2558-9685
營業時間｜09:00-21:20

金春發牛肉店（總店）

地址｜台北市大同區天水路 20 號
電話｜02-2558-9835
營業時間｜11:15-21:00（週一公休）

天廚菜館

地址｜台北市中山區南京西路 1 號 3、4 樓
電話｜02-2563-2380
營業時間｜11:00-14:00、17:00-21:00

店家資訊

老張炭烤燒餅

地址｜台北市南港區忠孝東路七段 602 號
電話｜ 02-2783-5591
營業時間｜ 11:30-20:00（週一公休）

梁記嘉義雞肉飯

地址｜台北市中山區松江路 90 巷 19 號
電話｜ 02-2563-4671
營業時間｜ 10:00-14:30、16:30-20:00（週日公休）

茂園

地址｜台北市中山區長安東路二段 185 號
電話｜ 02-2752-8587
營業時間｜ 11:30-14:00、17:00-20:30

台北喜來登大飯店 — 辰園

地址｜台北市中正區忠孝東路一段 12 號 B1
電話｜ 02-2321-1818
營業時間｜ 11:30-14:30、18:00-22:00

玉喜飯店

地址｜台北市大安區忠孝東路四段 289 號 3 樓
電話｜ 02-8773-8898
營業時間｜ 11:30-14:30、17:30-21:30

店家資訊，依店家實際公告為準。

宋廚菜館

地址｜台北市信義區忠孝東路五段 15 巷 14 號
電話｜02-2764-4788
營業時間｜11:30-14:00、17:30-21:00（週日公休）

明星咖啡館

地址｜台北市中正區武昌街一段 5 號 2 樓
電話｜02-2381-5589
營業時間｜10:00-21:00

青島東路蜜蜂咖啡

地址｜台北市中正區青島東路 3-2 號
電話｜02-2394-1363
營業時間｜07:30-20:30（週日公休）

玉林雞腿大王

地址｜台北市萬華區中華路一段 114 巷 9 號
電話｜02-2371-4920
營業時間｜11:00-21:00

大車輪火車壽司

地址｜台北市萬華區峨眉街 53 號
電話｜02-2371-2701
營業時間｜11:00-21:30（週日～週四）、11:00-22:30（週五、六）

店家資訊

美觀園

地址｜台北市萬華區峨眉街 47 號
電話｜02-2331-0377
營業時間｜11:00-21:00

上海隆記菜館

地址｜台北市中正區延平南路 101 巷 1 號
電話｜02-2331-5078
營業時間｜11:00-14:00、17:00-21:00（週日公休）

清香廣東汕頭沙茶火鍋

地址｜台北市萬華區西寧南路 82 巷 5 號
電話｜02-2331-9561
營業時間｜12:00-22:30

老艋舺鹹粥店

地址｜台北市萬華區西昌街 117 號
電話｜02-2361-2557
營業時間｜06:00-14:00

伍佰雞屋

地址｜台北市大安區仁愛路四段 375 號
電話｜02-2771-8898
營業時間｜11:00-14:00、17:00-20:30

店家資訊，依店家實際公告為準。

北平都一處（仁愛店）

地址｜台北市信義區仁愛路四段 506 號
電話｜02-2720-6417
營業時間｜11:00-14:00、17:00-21:00

梧州街原汁排骨湯

地址｜台北市萬華區梧州街 46 巷 2 號
電話｜02-2308-3469
營業時間｜11:00-20:30

東門赤肉焿

地址｜台北市中正區臨沂街 56 號
電話｜0932-139-491
營業時間｜06:30-15:00（週日公休）

周記傳統芋圓

地址｜台北市萬華區和平西路三段 120 號
電話｜0936-669-278
營業時間｜10:30-16:30（週日、二、四公休）

鼎泰豐（信義店）

地址｜台北市大安區信義路二段 194 號
電話｜02-2321-8928
營業時間｜10:00-21:00（週一～週五）、09:00-21:00（週六、日）

店家資訊

榮榮園

地址｜台北市大安區信義路四段 25 號
電話｜ 02-2703-8822
營業時間｜ 11:30-14:00、17:00-21:00

銀翼餐廳

地址｜台北市大安區金山南路二段 18 號 2 樓
電話｜ 02-2341-7799
營業時間｜ 11:00-14:00、17:00-21:00

秀蘭小館

地址｜台北市大安區信義路二段 198 巷 5-5 號
電話｜ 02-2394-3905
營業時間｜ 11:30-14:00、17:30-21:00

萬華林建發仙草冰

地址｜台北市萬華區艋舺大道 138 號
電話｜ 02-2302-9044
營業時間｜ 10:00-19:00（週日公休）、5 ～ 8 月全月無休

天然臺湘菜館

地址｜台北市中正區羅斯福路一段 61 號
電話｜ 02-2391-1831
營業時間｜ 11:00-14:00、17:00-21:00

店家資訊，依店家實際公告為準。

林家乾麵

地址|台北市中正區泉州街 11 號
電話| 02-2339-7387
營業時間| 06:00-13:30、16:30-19:30(週二～週五)
06:00-13:30(週六、日)(週一公休)

康樂意小吃店

地址|台北市中正區汀州路二段 46 號
營業時間| 07:30-13:00(週日公休)

古亭牛雜湯

地址|台北市中正區南昌路二段 154 號
營業時間| 17:00-00:00(週日公休)

北平同慶樓

地址|台北市大安區敦化南路二段 168 號
電話| 02-2739-6611
營業時間| 11:00-14:00、17:00-21:00

臺一牛奶大王

地址|台北市大安區新生南路三段 82 號
電話| 02-2363-4341
營業時間| 10:00-00:00

台北·職人食代

—— 探尋心滋味 ——

作者　王瑞瑤、毛奇、林家昌、梁旅珠、魚夫、焦桐、番紅花、楊子慧、蔡珠兒、諶淑婷（依姓氏筆劃排序）
發行人　陳思宇
總編輯　謝佩君
副總編輯　鄒佳穎
執行編輯　涂敏
行銷企畫　莊淑媚、李炎欣、邱思穎、李宗岳
發行機關　臺北市政府觀光傳播局
地址：11008 臺北市市府路 1 號 4 樓
電話：02-27208889 /1999 轉 7564
網址：www.tpedoit.gov.taipei
編輯製作　木蘭文化事業有限公司
封面設計　黃聖文
內頁排版　張原碩
地圖插畫　馮羽涵
攝影　李東陽、陳冠綸
圖片提供　欣葉台菜、東一排骨總店、金蓬萊遵古台菜、大三元酒樓
印刷　搖籃本文化事業有限公司
發行日期　2018 年 4 月 初版一刷
定價　新臺幣 250 元
ISBN　978-986-05-5671-1
GPN　1010700413

本書餐飲店家之地址、電話、營業時間等資訊，以各店實際公告為準

國家圖書館出版品預行編目(CIP)資料

台北．職人食代：探尋心滋味 / 王瑞瑤等作 .
-- 初版 . -- 臺北市：北市觀光傳播局，2018.04
面；　公分
ISBN 978-986-05-5671-1(平裝)

1. 餐廳 2. 餐飲業 3. 臺北市

483.8　　107005261